Aus Natur und Geisteswelt
Sammlung wissenschaftlich=gemeinverständlicher Darstellungen

604. Band

Die Kleintierzucht

Von

Johs. Schneider

Hauptschriftleiter des Lehrmeisters im Garten
und Kleintierhof, Leipzig

Zweite, verbesserte Auflage

Mit 60 Abbildungen im Text
und auf 6 Tafeln

Springer Fachmedien Wiesbaden GmbH 1922

Schutzformel für die Vereinigten Staaten von Amerika:
Copyright 1922 by Springer Fachmedien Wiesbaden
Ursprünglich erschienen bei B. G. Teubner in Leipzing 1922.
Softcover reprint of the hardcover 2nd edition 1922

ISBN 978-3-663-15525-6   ISBN 978-3-663-16097-7 (eBook)
DOI 10.1007/978-3-663-16097-7

Alle Rechte, einschließlich des Übersetzungsrechts, vorbehalten

Vorwort zur ersten Auflage.

Das Büchlein will mit seinen Anleitungen zur Zucht der Kleintiere besonders dem Anfänger dienen, ihn vor Schaden und unnützen Ausgaben, aber auch vor überschwenglichen Hoffnungen bewahren. Es soll die Haltung und Zucht mit auf Nutzleistung und Nutzwert gezüchteten Rassetieren und Schlägen betreiben, aber der Zucht von Sport- und Ausstellungstieren fernbleiben. Die Zeit der Not fordert die Schaffung von Nahrungsmitteln, für die wir seither dem Auslande alljährlich Milliarden bezahlt haben und die wir in Zukunft dem Vaterlande erhalten müssen durch die eigene Erzeugung dieser Werte.

Der Krieg hat uns gezeigt, wie notwendig dieses und wie nützlich die eigene Versorgung ist, wie sie uns unabhängig macht von den hohen Marktpreisen der wichtigsten Nahrungsmittel: Fleisch, Fett, Eier, Milch und verschiedenen Rohstoffen, z. B. Fellen, Wolle und Haare.

Es ist allerdings notwendig, daß wir die Kleintierzucht mit den einfachsten Mitteln betreiben, wenn wir mit Nutzen arbeiten wollen. Deshalb ist auch in diesem Buche von kostspieligen Einrichtungen und Geräten abgesehen. Jedermann soll, was gebraucht wird, selbst herstellen und dabei Geld sparen, sich deshalb mit den einfachsten Mitteln behelfen lernen. Dann wird er auch den erwarteten Nutzen erzielen. Große Ausgaben verträgt die Kleintierzucht nicht. Nur für gute Zuchttiere sollte uns kein angemessener Preis zu hoch sein. Lassen wir es dann an der nötigen Lust und Liebe zur Arbeit und vor allem auch zum Tiere selbst nicht fehlen, so wird uns neben dem Nutzen auch manche Stunde reinster Freude und Zufriedenheit beschert sein, sind doch gutgepflegte und sorgsam gehegte Tiere oft dankbarer als Menschen.

Jeder Anfänger beschränke sich zuerst auf einige Tiere, bis er die nötigen Kenntnisse und Erfahrungen erworben hat. Dann erst gehe er an die Vergrößerung seines Tierbestandes, aber stets unter Berücksichtigung der besonderen Verhältnisse und der Tatsache, daß die Kleintierzucht sich nur im Kleinbetrieb lohnt. Mit deutschem Züchtergruß

Joh. Schneider.

Vorwort zur zweiten Auflage.

Auch in Zukunft wird Deutschland genötigt sein, für sich selbst zu sorgen und den Schaden, welchen der unglückliche Krieg dem Volksvermögen zugefügt hat, zu tragen. In der Selbsthilfe des Einzelnen liegt heute die einzige Möglichkeit, einen Ausweg aus der schrecklichen Not und dem ungeheuren Elend, die unser armes Vaterland heimgesucht haben, zu finden. Dazu soll das Buch mithelfen. Es will allen, die Kleintierzüchter- oder halter sind, dienlich sein, soweit es in dem engbegrenzten Raume und bei dem vielseitigen Inhalt möglich ist. Die Kritik hat keine wesentlichen Verbesserungen vorschlagen können. Ich habe alles berücksichtigt, was wirklich zu ändern notwendig war; nur mit der Fütterung und Verwendung sogenannter Ersatzstoffe kann ich nicht ohne weiteres einverstanden sein. Wer kein Futter hat, soll keine Tiere halten, sonst artet die Kleintierzucht zur Tierquälerei aus. Wir haben am eigenen Leibe erfahren, was die mangelhafte Ernährung bedeutet. Richtige Fütterung und befriedigende

Leistung sind auch in der Tierhaltung voneinander abhängig. Der Futterbau auf eigener Scholle und sei sie auch nur Pachtland, ist die unerläßliche Voraussetzung bei der Kleintierzucht, wenn dabei ein Nutzen erzielt werden soll. Ich betreibe seit 30 Jahren Kleintierzucht, erst auf dem Lande, dann mit dem Wechsel des Wohnorts in der Stadt, demnach unter ganz verschiedenen Verhältnissen. Ich kann also aus Erfahrung sprechen. Deshalb rate ich allen, die Kleintierzucht mit Nutzen betreiben wollen: Baut das Futter, soweit es möglich ist, selbst. Denn heute gilt mehr als sonst: Hilf dir selbst, dann hast du auch zu essen. Darauf zielt die innere Kolonisation Deutschlands, die Schaffung von Siedlungen und Rentengütern ab. Die Kleintierzucht ist eine notwendige Ergänzung zu diesen Kleinbetrieben, weil sie ihre völlige Nutzung sichert. Boden und Arbeit sind die Grundlagen aller Kultur und des Reichtums. Sie sind unmittelbar auch die Grundbedingung für eine nutzbringende Kleintierzucht.

Mit deutschem Züchtergruß

Joh. Schneider.

Inhaltsübersicht.

Seite

1. Die wirtschaftliche Bedeutung der Kleintierzucht. 5
2. Die Ziege 8
    Die deutschen Ziegenschläge. — Der Stall. — Futter und Fütterung. — Weidegang. — Pflege und Haltung. — Vom Melken. — Nutzung. — Milch und Milchverwertung. — Fleischnutzung. — Zucht: Auswahl der Zuchttiere. — Bockhaltung. Alterszeichen. — Paarung und Trächtigkeit. — Geburt. — Aufzucht des Lammes. — Krankheiten und Fehler.
3. Das Schaf 31
    Die Rassen. — Der Stall. — Futter und Fütterung. — Haltung und Pflege. — Die Zucht. — Die Geburt. — Die Aufzucht des Lammes. — Die Fütterung. — Der Nutzen. — Krankheiten.
4. Das Schwein 35
    Die Rassen. — Der Stall. — Aufzucht und Fütterung des Jungschweines. — Die Mast. — Die Verwertung. — Die Zucht. — Die Paarung. — Die Trächtigkeit. — Die Geburt. — Die Aufzucht. — Einige Krankheiten.
5. Das Kaninchen 49
    Die Rassen. — Der Stall. — Futter und Fütterung. — Die Haltung und Pflege. — Auswahl der Zuchttiere und Paarung. — Die Geburt. — Die Aufzucht. — Die Mast. — Die Verwertung. — Einige Krankheiten.
6. Das Huhn 66
    Die Rassen. — Der Hühnerstall — Der Auslauf. — Die Pflege und Haltung — Die Fütterung. — Die Zucht — Die natürliche Brut. — Die Aufzucht der Küken. — Die Kennzeichen des Junggeflügels. — Die künstliche Brut und Aufzucht. — Die Schlachtgeflügelzucht — Die Zucht auf Eiergewinnung. — Die Eierkonservierung. — Geflügelkrankheiten.
7. Die Gans 90
    Die Rassen — Der Stall. — Die Fütterung — Die Zucht. — Die Brut. — Die Aufzucht. — Die Mast. — Vom Schlachten — Die Nutzung. — Einige Krankheiten.
8. Die Ente 99
    Die Rassen. — Die Zucht. — Die Fütterung und Haltung. — Der Stall. — Die Brut. — Die Aufzucht. — Die Mast.
9. Die Taube 106
    Die Rassen. — Der Schlag. — Die Fütterung. — Die Pflege. — Die Zucht. — Der Nutzen. — Einige Krankheiten.
10. An- und Verkauf von Kleintieren 114
11. Allgemeine Maßnahmen zur Hebung der Kleintierzucht 115

1. Die wirtschaftliche Bedeutung der Kleintierzucht.

Unter Kleintiere sind alle Nutztiere zu verstehen, die ohne größere Ausgabe für Ställe und Einrichtungen auch unter bescheidenen Verhältnissen gehalten werden können und doch noch einen beachtenswerten Nutzen bringen, z. B. Geflügel aller Art (Hühner, Enten, Gänse), Kaninchen, Ziegen, auch Schweine und Schafe, wobei ausschließlich an die Einzelhaltung, die Aufzucht und Mast dieser größeren Vierbeiner gedacht wird. Die Kleintierzucht läßt sich aber nicht ohne weiteres verallgemeinern, sondern sie muß den gegebenen Verhältnissen angepaßt werden. Wer ein Schwein halten und auffüttern kann, wird dieses dem Kaninchen vorziehen, weil das Schwein durch das bedeutend größere Fleisch- und Fettwachstum einen besseren Nutzen gewährt. Wer durch die örtlichen Verhältnisse gezwungen ist, sich auf ruhige Tiere zu beschränken, wird Kaninchen züchten. Wer nur eine begrenzte Fläche hat, wird eine kleine Hühnerrasse halten, wer genügend Auslauf und Futter schaffen kann, dem bietet die Hühnerhaltung zur Eiergewinnung, die Aufzucht von Jungtieren, die Mastentenzucht lohnende Arbeit, wer über Wiese und Wasser verfügt, wird mit der Gänsezucht Nutzen erzielen.

Die Ziegenhaltung ist verdienstlich, wo Milch gebraucht wird und das Futter leicht und billig zu beschaffen ist. Die Aufzucht und Haltung eines Schafes ist nutzbringend, wo Weideland zur Verfügung steht, weil das Tier ohne großen Aufwand an Arbeit und Futter bis zur Schlachtreife heranwächst.

Von nicht zu unterschätzender wirtschaftlicher Bedeutung ist die Kleintierzucht schon, wenn der Bedarf einer Familie auch nur teilweise dadurch gedeckt wird. Die Fleischversorgung durch Geflügel, Kaninchen, Schweine und Schafe ist deshalb bei der Einzelhaltung keinesfalls gering, weil dadurch der Nahrungsmittelmarkt entlastet, durch die Arbeit des einzelnen und den Verbrauch sonst nutzlos verloren gehender Abfälle ungeheuere Werte erzielt werden.

Die wirtschaftliche Bedeutung der Kleintierzucht wird erst augenscheinlich, wenn wir sie nach der Zählung des Viehbestandes messen. Da ergeben sich Werte, die kaum erwartet oder geahnt werden. Wird diesen Zahlen die Einfuhr und der Verbrauch unseres Vaterlandes gegenübergestellt, dann ist erst zu ersehen, wieviel noch bei der Kleintierzucht in Zukunft nachgeholt werden muß.

Die Zählung vom 2. Dezember 1912 (spätere Zählungen während des Krieges bieten kein einwandfreies, klares Bild der wirtschaftlichen Verhältnisse) ergab einen Viehbestand von 22 Millionen Schweinen mit einem Verkaufswerte von 1711 Millionen Mark, 6 Millionen Schafen mit einem Verkaufswerte von 189 Millionen Mark, $3^{1}/_{2}$ Millionen Ziegen mit einem Verkaufswerte von 89 Millionen Mark, zusammen $31^{1}/_{2}$ Millionen Tiere mit einem Verkaufswerte von 1989 Millionen Mark. Dazu kommen noch 73 Millionen Hühner, 10 Millionen Gänse, Enten, Truthühner, 2,6 Millionen Bienenstöcke, ferner eine außerordentlich große Anzahl von Kaninchen, Tauben, die gar nicht gezählt wurden, alles zusammen mit einem Wert von rund $2^{1}/_{2}$ Milliarden Mark.

Es kann und muß jetzt, nachdem sich die wirtschaftlichen Verhältnisse zu unserem Schaden vollständig verändert haben, noch mehr geleistet werden. Besonders notwendig und erfolgversprechend ist im Kleinbetriebe die Schaf-, Ziegen-, Schweinehaltung und Hühnerzucht.

Die Hebung der Schafzucht macht uns vor allem unabhängig von der Wolleeinfuhr. Im Jahre 1913 wurden fast 200 Millionen kg Wolle aus dem Auslande (hauptsächlich Australien) eingeführt im Werte von 420 Millionen Mark. Die Schafhaltung im kleinen verdient deshalb ganz besonders empfohlen zu werden. Die Ziegenzucht hat wegen der Milcherzeugung eine außerordentlich große Bedeutung für unsere Säuglingsernährung. Die seitherige Einfuhr von $17^{1}/_{3}$ Millionen kg Ziegenfellen im Werte von 52 Millionen Mark könnte durch eine erhöhte Zucht auch wesentlich verringert werden. Für die Bedeutung der Hühnerzucht seien nur folgende Zahlen angeführt: Einfuhr aus dem Auslande im Jahre 1913 $10^{1}/_{2}$ Millionen kg Hühner im Werte von $15^{1}/_{2}$ Millionen Mark, ferner $172^{1}/_{2}$ Millionen kg Eier im Werte von fast 200 Millionen Mark. Daß wir trotz unserer früher bedeutenden Schweinezucht noch für fast 25 Millionen Mark Schweine und für weitere 25 Millionen Mark Schweinefleisch einführen mußten, beweist, wie groß der Verbrauch in Friedenszeiten in Deutschland gewesen ist. Unser Bestand an Rindern und Schweinen ist aber während des Krieges infolge der Hungersnot auf ein Drittel der Friedenszeit zurückgegangen, so daß wir Jahrzehnte brauchen, um ihn wieder auf die frühere Höhe zu bringen. Die Kleintierzucht muß diesen Mangel auszugleichen bemüht sein. Wenn es gelingt, durch die Kleintierzucht uns vom Auslande ganz unabhängig zu machen, bleiben unserem Vaterlande schon dadurch jedes Jahr viele Milliarden Mark erhalten, die früher ins Ausland gegangen sind. Diese Werte haben sich infolge der durch den Krieg veränderten Verhältnisse verzehnfacht. Die wenigen Zahlen beweisen, wie notwendig eine Erweiterung der Kleintierzucht ist, wie nützlich sie uns und dem Vaterlande werden kann.

Den Landwirten wird oft der Vorwurf gemacht, daß sie nichts für die Kleintierhaltung übrig haben und deshalb mit daran schuld sind, wenn dem Auslande so viel Geld zufließt. Damit ist nicht das Richtige getroffen. Der Landwirt kann sich gewöhnlich nicht eingehend mit der Kaninchenzucht beschäftigen, weil ihm dazu die billigen Arbeitskräfte fehlen. Er beschränkt sich deshalb zumeist auf die seinen Verhältnissen sich besser anpassende Schaf= und Schweinehaltung, weil beide für ihn vorteilhafter sind.

Dagegen sollten die Kleinbesitzer, die Siedler, die Handwerker, die Beamten, Pfarrer und Lehrer, Eisenbahnbedienstete und Arbeiter auf dem Lande und in der Nähe der Stadt sich damit beschäftigen. Sie finden mehr Zeit und Gelegenheit dazu und haben deshalb auch einen größeren Nutzen davon. Die Kleintierhaltung läßt sich ihren Verhältnissen gut anpassen; sie kann in jeder Ausdehnung betrieben werden und bringt bei sachgemäßer Ausführung immer einen angemessenen Gewinn. Auch wenn nur für einen einzelnen Haushalt durch die Hühnerhaltung im kleinen der Eierbedarf gedeckt wird, dann und wann ein Huhn in den Topf wandert oder die Kaninchenzucht den Sonntagsbraten liefert, durch die Ziegenhaltung der Milchverbrauch einer Familie sich ausgleicht, durch die Aufzucht eines Schafes oder die Mast eines Schweines der Jahresbedarf an Fleisch vervollständigt wird, so bedeuten diese Möglichkeiten einen nennenswerten Vorteil für den einzelnen.

Die Kleintierhaltung ist deshalb ihrem wirtschaftlichen Werte nach hoch einzuschätzen, denn viele Wenige machen auch ein Viel. Deshalb erfährt die Kleintierhaltung auch von behördlicher Seite die richtige Würdigung und Unterstützung. Nahrungsmittelteuerung und Not, wie sie schlechte Zeiten unabänderlich im Gefolge haben, sind für den Kleintierzüchter weniger fühlbar und lassen sich abschwächen, weil er sich selbst helfen kann. Die Kleintierzucht ist für alle von Vorteil, die auf den eigenen Verdienst angewiesen sind, und besonders für jene, die von der Hand in den Mund leben.

Die Großviehzucht den Landwirten, die Kleintierzucht jedermann, der Lust und Liebe dazu hat. Diese Arbeitsteilung führt zum Ziele und schafft Werte, die von ausschlaggebender Bedeutung für den Wohlstand des deutschen Volkes sein können.

2. Die Ziege.

Die deutschen Ziegenschläge. In der Hauptsache werden in Deutschland zwei Ziegenschläge unterschieden: weiße und bunte Ziegen. Beide werden hornlos, teilweise auch mit Hörnern, kurz- und langhaarig gezüchtet. (Siehe Tafel I Abb. 1 und 2.)

Die weißen Ziegenschläge entstanden vielfach durch Kreuzungen der Saanenziege mit der einheimischen weißen Ziege, die bunten durch Kreuzung farbiger Alpenziegen, z. B. der Toggenburger, Guggisberger, der gemsfarbigen Alpenziege und anderer Schweizer Ziegenschläge mit der deutschen Landziege.

Zu den weißen Ziegenschlägen gehören die Starkenburger Edelziege, die Langensalzaer Edelziege und die verschiedenen, unter der Bezeichnung Saanenziege gezüchteten Schläge, welche Nachkommen der Schweizer Saanentaler Ziege sind.

Zu den buntfarbigen Ziegen gehört die rehfarbige Langensalzaer Edelziege, die Harzziege, die sächsische Ziege, die Rhönziege, die Schwarzwaldziege, die oberbayrische Ziege und alle anderen Schläge, welche in den verschiedenen Gegenden Deutschlands gehalten werden, so daß in jedem Land ein den örtlichen Verhältnissen angepaßter Ziegenschlag zu finden ist. Auch die reingezüchteten Nachkömmlinge Schweizer bunter Ziegen, wie z. B. die Toggenburger, Guggisberger usw., werden in Deutschland in verschiedenen Gegenden gehalten.

Die Zuchtvereine dieser Ziegenschläge streben die hohe Milchleistung der Tiere, die Hornlosigkeit, die Ausgeglichenheit in der Farbe und Behaarung und vollendete Körperformen an. Die Ziegenzuchtvereine, welche bereits in allen Gegenden Deutschlands entstanden sind, haben sich zu Zuchtverbänden zusammengeschlossen und stehen gewöhnlich unter der Leitung eines amtlichen Tierzuchtinspektors. Die Verbände und Vereine werden zur Förderung der Zucht von der Regierung mit Geld-

mitteln unterstützt, so daß die Zucht in Deutschland sehr gute Fort=
schritte aufweist, wie die auf den Wanderausstellungen der Deutschen
Landwirtschafts=Gesellschaft gezeigten Tiere zur Genüge bestätigen.

Der Stall. Bei der ausschließlichen Stallhaltung der Tiere, wie sie
bei der Kleintierzucht im Flachland meist üblich ist, wird eine zweck=
mäßige Einrichtung des Stalles notwendig, um den Tieren einen be=
quemen und dem Tierhalter einen leicht zugänglichen Raum zu schaffen.
Ein enger, finsterer, schlecht zu lüftender Stall ist zur Ziegenhaltung
ungeeignet. Meistens werden auch andere Kleintiere, z. B. Schafe,
Schweine, Geflügel usw. unter dem gleichen Dach untergebracht. Es ist
auch zweckmäßig, daß die Tiere den gleichen Luftraum haben, aber ge=
trennt stehen. Dadurch wird eine bessere Erwärmung im Winter erreicht.

Der Stall für die Ziegen ist in Abteile abzugrenzen. Jedes Ab=
teil soll wenigstens 1 m breit und 2 m lang sein. Die Seitenwände
des Abteils müssen so hoch sein, daß die Tiere sich gegenseitig nicht
belästigen können. Bei niedereren Zwischenwänden stoßen sich futter=
neidische Tiere oder beißen sich in die Ohren, und dadurch entsteht Un=
ruhe im Stall.

Der Boden des Stalles muß zementiert sein und ein leichtes Gefäll
haben, so daß die Jauche in eine längs des Stallganges laufende Rinne
abfließen kann. Zur Sauberhaltung und zum trockenen Lagern der Tiere
trägt ein Lattenrost, der den Boden jedes Abteils wenigstens bis zur
Hälfte bedeckt, sehr viel bei. Dieser Lattenrost ist gut mit Karbolineum
oder Teer zu streichen, damit er sich nicht mit Jauche ansaugt. Durch
diesen Rost wird viel Spreu gespart und die Tiere bleiben reinlich im
Aussehen. Der Abstand zwischen den Latten ist eng zu halten, damit
die Ziegen nicht mit den Klauen dazwischen treten und hängen bleiben.
Für den Abfluß der Jauche wird durch die Jaucherinne gesorgt, die
am Ende jedes Abteils längs des Stallganges läuft und die in die
Jauchegrube außerhalb des Stalles mündet. Über dieser wird der
Düngerplatz angelegt. Am Ende des Stallganges ist eine verschließbare
Türe im Ausmaße von 60 : 60 cm anzubringen, die zur bequemen
Beseitigung des Stallmistes nach der Düngerstätte führt. Ferner ist in
jedem Abteil eine Heuraufe und eine Krippe anzubringen, die in
entsprechender Höhe von 0,65 m zu befestigen sind. Besser ist die Spar=
krippe, welche Raufe und Krippe vereint (siehe Abb. 3) und das Ver=
schwenden des Futters verhindert. Für bescheidene Verhältnisse genügt
ein Stallgebäude aus Brettern mit Doppelwänden.

Abb. 3.
Abteil im Ziegenstall mit Sparkrippe.

Ein gemauerter Ziegenstall ist aber dem hölzernen vorzuziehen, weil er oft nicht teurer, jedenfalls wärmer und dauerhafter ist. Die Grundmauern werden aus Bruchsteinen in Kalkzementmörtel, die Stallmauern selbst aus Ziegelsteinen mit Luftschicht oder aus Betonhohlsteinen oder Lehmdrahtwänden aufgeführt, so daß im Winter eine Abkühlung der Wände und das Beschlagen mit Stalldunst unmöglich wird. Die Grundmauern sind zu isolieren, um aufsteigende Erdfeuchtigkeit und das Feuchtwerden der Wände zu verhindern. Wo die Aufführung einer Mauer aus Ziegelsteinen mit Luftschicht nicht möglich ist, müssen die Außenwände mit grob aufgeriebenem Putz oder Spritzbewurf in Kalkzementmörtel versehen werden. Die Innenwände werden mit Zementverputz bis auf $1\frac{1}{2}$ m Höhe verkleidet, um die bessere Reinhaltung zu ermöglichen.

Bei den aus Holz aufgeführten Ställen sind Doppelwände notwendig, die mit Isoliermaterial, z. B. Steinkohlenasche, Torfmull, Sägespänen,

Erde, Sand u. dgl. aufgefüllt werden. Die Wände sind dann vorher mit Karbolineum gut zu streichen, außerdem aber noch zu kalken. Ebenso sind die Zwischenwände und alle übrigen Holzteile im Innern des Stalles gut mit Karbolineum oder Holzteer zu streichen, um dem Aufsaugen von Jauche, Stalldunst und Feuchtigkeit vorzubeugen.

Die Decke muß luftundurchlässig sein und in der Mitte einen isolierten Dunstkamin haben, der an der höchsten Stelle des Daches ausmündet und einen Dunstabsauger trägt. Er ist durch eine Klappe an der Decke verschließbar, um bei Wind oder kaltem Wetter den Abzug zu vermindern. Der Dachraum wird zur Aufbewahrung von Streu, Stroh und Heu verwendet und ist von außen durch eine Dachluke im Giebel zugängig. Bei den luftdurchlässigen Decken ist die Aufbewahrung des Rauhfutters wegen des Stalldunstes nicht anzuraten, weil die Tiere dann dieses Futter verschmähen.

Die Fenster sollen so groß sein, daß sie den Raum genügend erhellen. Am besten haben sich die eisernen Kippfenster bewährt, die nach Bedarf nach innen und oben durch eine Zugkette zu öffnen sind. Diese Kippfenster sind in jeder Eisenwarenhandlung zu haben. Sie erübrigen das Einbauen besonderer Lüftungsrohre in die Stallwände, die besonders bei größeren Ställen sehr notwendig werden. Die Menge der Fenster hängt ganz von der Größe des Stalles ab. Man bringt sie meistens so hoch an, daß sie von den Tieren nicht erreicht werden können und das Licht auf den Rücken oder seitlich von hinten auf das Tier fällt. Dadurch wird die bessere Beleuchtung der Futterkrippe erreicht, was sowohl für das Tier als auch für den Tierhalter vorteilhaft ist.

Die Türen müssen genügend hoch und breit sein und doppelwandig ausgeführt werden, um das Beschlagen im Winter und das Verquellen zu verhindern. Sie sollen nach außen aufgehen, damit sie im Stalle nicht hinderlich werden. Im Sommer kann man sie durch eine Gittertür ersetzen, die in der unteren Hälfte ganzwandig ist, um die Zugluft von den lagernden Tieren abzuhalten. Bei größeren Ställen ist die Anlage eines besonderen Futterganges angebracht, um eine rasche Verteilung des Futters zu ermöglichen. Die einzelnen Abteile sind dann so einzurichten, daß die Futterkrippen rechts und links des Futterganges liegen. Die innere Höhe des Stalles beträgt 2—2½ m. Besondere Anbindevorrichtungen sind nicht notwendig, wenn die einzelnen Abteile rückwärts durch eine niedere Türe abgeschlossen werden. Andernfalls bringt man an der Krippe einen Haken oder einen Ring an, an den jedes Tier durch eine leichte Kette, welche mit Sicherheitshaken versehen ist, angehängt wird. Doch dürfen auch die Ketten nicht übermäßig lang sein, um dem Verwickeln vorzubeugen. Die Düngerstätte wird meistens auf der Nordseite des Stallgebäudes angelegt und mit einer niederen Mauer umgeben, um den Dünger festlagern zu können. Es ist zweckmäßig, wenn die Jauchengrube, welche ebenfalls aus gemauerten Bruchsteinen oder Beton ausgeführt wird, unterhalb der Düngerstätte liegt, damit die durch den Regen sich bildende Jauche vom Dünger abfließen kann und nicht nutzlos verloren geht.

Futter und Fütterung der Ziege. Die Ziegen werden mit Grünfutter und Rauhfutter oder Heu gefüttert. An Grünfutter frißt die Ziege alles, was im Sommer der Garten an Unkraut (Giftpflanzen sind ausgeschlossen) und Gemüseabfällen bietet; ferner Gras, Klee, Rüben, die verschiedenen Wurzelgewächse und Knollen, die Küchenabfälle, z. B. Kartoffelschalen, Gemüseabputz und dergleichen, das Laub von Bäumen und Sträuchern, besonders die jungen Zweige und Blätter. Es ist notwendig, daß sich der Ziegenhalter einen ausreichenden Vorrat von Grünfutter durch den Anbau von Futterpflanzen, z. B. den verschiedenen Kleearten, Runkelrüben, Zuckerrüben, Möhren sichert, von denen die Knollen und Rüben zur Ernährung der Tiere im Winter aufbewahrt werden können. Das Rauhfutter besteht aus Gras- und Kleeheu, Haferstroh, dem gedörrten Laub junger Zweige und dem Stroh von Bohnen, Erbsen und anderen Hülsenfrüchten. Von Kraftfuttermitteln werden verwendet: Kleie, Leinmehlkuchen, Öl- und Nußkuchen, Brot und Futtermehl, Malzkeime, Biertreber, Zuckerrübenschnitzel, Trockenkartoffeln, sowie verschiedene Abfälle des Nahrungsmittelgewerbes. Vom Körnerfutter, das ebenfalls zu den Kraftfuttermitteln zu rechnen ist, sind der Hafer, Gerstenschrot, Mais, sowie Erbsen, Bohnen und dgl. Hülsenfrüchte zu nennen.

Die Ziege ist nach allgemeinem Urteil ziemlich wählerisch im Futter. Die Schuld liegt aber vielfach an dem Tierhalter selbst, der es nicht versteht, seine Tiere richtig zu füttern, und nicht schon bei der Aufzucht darauf achtet, daß die jungen Ziegen zunächst das geringe Futter erhalten, und dann, wenn sie halb sattgefressen sind, das bessere oder Kraftfutter. Dann gebe man niemals mehr Futter, als das Tier wirklich auffressen kann, und wechsle möglichst bei jeder Fütterung mit dem Futtermittel ab. Außerdem sind bestimmte Futterzeiten einzuhalten, damit das Tier in der Zwischenzeit richtig wiederkauen und verdauen

Die Fütterung

kann und nicht durch Überfluß erst wählerisch wird. Durchschnittlich genügen drei Fütterzeiten: am zeitigen Morgen, im Sommer um 6 Uhr, im Winter eine Stunde später, am Mittag und am Abend vor dem Melken. Im Winter soll die Fütterung möglichst spät erfolgen, damit die Tiere während der Nacht noch zu verdauen haben. Sehr wichtig ist, daß stets die gleiche Person füttert und melkt; dadurch wird der Gewohnheit des Tieres entsprochen, stets von derselben Person Futter anzunehmen, außerdem aber auch einer mangelhaften Fütterung vorgebeugt. Wenn verschiedene Personen füttern, weiß man nie, welche Mengen vorgelegt wurden und welcher Art das Futter war, und ob die Tiere gut oder schlecht fressen. Krippen und Raufen müssen vor dem Füttern leer sein oder gereinigt werden. In Fäulnis übergegangenes, sauer gewordenes Futter ist für die Tiere nachteilig und vermindert die Freßlust.

Im Sommer füttert man hauptsächlich Grünfutter, weil dieses meistens zur Verfügung steht. Bei der ausschließlichen Stallhaltung und besonders beim Übergang im Frühjahr von der Trocken- zur Grünfütterung muß täglich zuerst noch etwas Heu gegeben werden, damit sich die Tiere an dem jungen Grünfutter nicht überfressen und am Aufblähen oder an der Trommelsucht (s. S. 29), an Pansenüberfüllung und -lähme erkranken. Die Unverdaulichkeit und Darmkatarrhe sind meistens die Folgen einer unrichtigen oder mangelhaften Fütterung. Grünfutter darf niemals zu naß gefüttert werden, nicht längere Zeit auf Haufen gelegen haben und warm geworden sein, weil dieses in Gärung geratene Futter sehr leicht die Trommelsucht verursacht. Die Ziege zieht das trockengewachsene Futter dem mastig oder üppiggewachsenen Grünfutter vor. Von Graben- und Straßenrändern gewonnenes Futter muß, wenn es staubig ist, vorher gewaschen und genügend getrocknet werden. Zweige und Blätter, die vom Mehltau, Rost oder ähnlichen Pilzkrankheiten befallen sind, werden den Tieren nachteilig und sollten nicht verfüttert werden. Möglichste Abwechslung im Grünfutter ist die Hauptsache, um die Freßlust zu erhalten. Es darf deshalb im Sommer und Herbst bei dem Überfluß an Gemüseabfällen aus dem Garten, an Runkelrübenblättern, Kartoffelkraut und dergleichen niemals längere Zeit davon gefüttert werden. Wo der Überfluß nicht verbraucht werden kann, ist es zweckmäßig, ihn zu trocknen, zu dörren oder einzusäuern, um ihn dann im Winter verwenden zu können. Der Grünfutterbedarf beträgt für ein Tier im Sommer durchschnittlich 6—8 kg täglich.

Bei der Winterfütterung wird abwechselnd Gras- und Kleeheu, gesundes Stroh, getrocknetes Laub gegeben. An Trockenfutter werden täglich 2—3 kg, außerdem aber noch 2—3 kg Rüben, Knollen und Gemüseabfälle, zu denen auch die Kartoffelschalen zu rechnen sind, gebraucht. Je weniger Kraftfutter beigegeben wird — das aber nicht unbedingt notwendig ist, wenn das vorgenannte Futter gesund und einwandfrei ist —, desto mehr wird die angegebene Menge voll verbraucht.

Die Kraftfuttermittel sind in kleinen Mengen nach der Vollfütterung zu verabreichen. Hafer und Mais werden gequetscht oder auch ganz verfüttert, desgleichen auch Gerstenschrot und die verschiedenen Hülsenfrüchte. Ölkuchen, Erdnußkuchen und die Abfälle der Nahrungsmittelgewerbe gibt man vielfach zerkleinert in der Tränke.

Die Tränke besteht im Sommer aus frischem, etwas überschlagenem Wasser; sie wird bei der Grünfütterung meistens verschmäht. Dagegen ist sie im Winter bei vorwiegender Trockenfütterung sehr notwendig. Sie wird nach der Fütterung und mäßig warm gegeben, weil sonst der Wärmeverbrauch der Tiere bedeutend größer ist. Kleie und Malzkeime, Biertreber und Trockenkartoffeln werden mit heißem Wasser angebrüht, damit sie sich gut ansaugen. Dann wird das übrige Wasser dazu gegeben und nach Bedarf mit etwas Salz und Futterkalk die Tränke gewürzt. Der Futter- oder phosphorsaure Kalk ist besonders notwendig bei Milchtieren, weil diese einen Teil des Kalkes wieder durch die Milch abgeben, aber auch bei jungen wachsenden Tieren, weil sie ihn zur Entwicklung des Knochengerüstes brauchen.

Zum Salzen nimmt man das gewöhnliche Viehsalz, das bedeutend billiger ist wie Kochsalz, und gibt davon täglich ungefähr $^1/_2$ Eßlöffel voll; desgleichen auch vom Futterkalk. Stärkere Salzgaben sind nachteilig, weil sie die Verdauung beeinträchtigen und das Tier zum Saufen größerer Wassermengen veranlassen. Die Verwendung der Freß-, Milchpulver und ähnlicher Zugaben ist zweck- und nutzlos. Sie nützen nur dem Fabrikanten. Wer durchaus seinen Ziegen Leckereien bieten will, kann sich derartige Pulver aus Kochsalz, Futterkalk und den Rückständen, welche bei der Herstellung ätherischer Öle verbleiben, z. B. von Kümmel, Fenchel, Enzian und aromatischen Kräutern, selbst herstellen.

Nach den vorhergehenden Angaben braucht eine Ziege monatlich 1 Zentner Heu und $1^1/_2$—2 Zentner Rüben; im Sommer 5 Zentner Grünfutter und die üblichen kleinen Beigaben von Kraftfuttermitteln.

Man füttert die Ziege aber nicht nach bestimmten Mengen, sondern nach der Sättigung. Ein Tier, das nach der Fütterung noch nach Futter schreit, ist nicht satt. Junge Tiere können deshalb nicht wachsen, Milchtiere nicht melken. Jeder Tierhalter hat die Verpflichtung, seine Tiere daraufhin zu beobachten und nach Bedarf noch etwas nachzufüttern, wenn die vorgelegte Futtermenge restlos aufgezehrt wurde.

Daß man beschmutztes oder fauliges Futter, besonders die oft aus anderen Haushaltungen täglich gesammelten Küchenabfälle nicht ohne weiteres geben kann, ist selbstverständlich. Kartoffelschalen sollten nie roh, sondern gedämpft oder gebrüht verabreicht werden, desgleichen sind alle leicht in Gärung übergehenden Futtermittel am besten zu brühen oder zu kochen.

Der Weidegang erleichtert im Sommer die Fütterung ungemein und die Tiere bleiben dabei gesund, weil sie Bewegung haben und sich in frischer Luft aufhalten. Wo das Austreiben auf Weideplätze möglich ist, sollte davon ausgiebig Gebrauch gemacht werden. Die Fütterung wird dann auf die Verabreichung von etwas Heu am Morgen, sowie auf eine kleine Nachfütterung am Abend beschränkt. Größere Zuchtvereinigungen richten Weideplätze ein, wo die Tiere unter Aufsicht eines Hirten tagsüber gehalten werden. In den Gebirgsgegenden ist damit die Ausnützung jener Weideflächen verbunden, welche infolge ihrer ungünstigen Lage zur Heuernte ungeeignet sind. Dadurch wird die Ziegenhaltung wesentlich verbilligt. Notwendig ist allerdings, daß ein Unterstand für die Tiere vorhanden ist, damit sie während der heißen Mittagszeit und bei eintretendem Gewitter Schutz finden können. Leider ist dieser Weidegang bei der städtischen Ziegenhaltung oder in der Nähe der Städte nicht leicht möglich und die ausschließliche Stallhaltung bedingt.

Pflege und Haltung. Die Ziege ist zweifellos ein sehr reinliches Tier und liebt die sorgfältige Pflege, die durch öfteres Bürsten und Kämmen, Striegeln oder Putzen des Felles bewirkt wird. Dadurch wird die Hauttätigkeit angeregt und damit die Milchergiebigkeit stark beeinflußt; es sollte deshalb das regelmäßige Putzen, besonders bei der Stallhaltung, jeden zweiten oder dritten Tag stattfinden. Zum Kämmen langhaariger Tiere verwendet man einen Metallkamm, bei kurzhaarigen genügt eine Pferde- oder Putzbürste, die durch Abstreifen auf einem Striegel leicht zu reinigen ist. Die Ziegen haben das Kämmen und Bürsten außerordentlich gern. Der Einfluß der regelmäßigen

Hautpflege macht sich schon nach kurzer Zeit durch die glatte, glänzende Behaarung ersichtlich. Außerdem nehmen regelmäßig geputzte Tiere ersichtlich an Körpergewicht und Wohlbefinden zu und eine Steigerung des Milchertrages ist zu erwarten. Das Sprichwort: „Gut geputzt ist halb gefüttert" hat demnach seine volle Berechtigung. Das Putzen ist besonders im Frühjahr und Herbst, wenn der Haarwechsel stattfindet, sehr notwendig, um die ausfallenden Haare zu beseitigen. Regelmäßig gekämmte Tiere leiden selten an Hauterkrankungen und Läusen.

Zur richtigen Pflege gehört auch, besonders bei ausschließlicher Stallhaltung, das Putzen und Beschneiden der Klauen und Ballen oder Sohlen. Denn wo die Tiere nicht Gelegenheit finden, die Klauen abzunutzen, wächst das Horn übermäßig stark, und es entstehen die sogenannten Klauenschuhe (Abb. 4 rechts), welche das richtige Gehen und Stehen unmöglich machen. Das Beschneiden der Klauen ist besonders im Frühjahr und im Laufe des Winters notwendig. Es geschieht mit einer scharfen Zange oder Klauenscheere, womit man die überstehenden Enden der Klauen wegschneidet (Abb. 4 links). Es darf niemals quer über die Klauen geschnitten werden, sondern stets im Verlauf der Hornfaser von hinten nach vorn. Verletzungen der Zehen durch zu tiefes Schneiden sind zu vermeiden. Die Afterzehen sind ebenfalls von der dicken Hornmasse zu befreien. Die Sohle ist mit einem Messer glatt zu schneiden, wenn die Ballen zu stark geworden sind. Leichtes Einfetten der Klauen mit Rohvaseline oder Fett ist nachher notwendig. Beim regelmäßigen Beschneiden und bei öfterer Reinigung sind Klauenkrankheiten eine Seltenheit. Wo das Tier freien Auslauf oder Weidegang hat, nützen sich die Klauen von selbst ab, so daß das Beschneiden kaum notwendig wird.

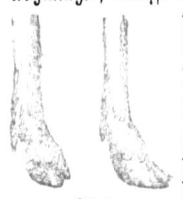
Abb 4.
Klaue beschnitten (links), unbeschnitten (rechts).

Zur richtigen Pflege gehört ferner die Sauberhaltung des Stalles. Weiße Ziegen beschmutzen sich durch das Lagern, besonders wenn man mit der Streu sparen muß. Deshalb sind sie mit Seife und warmem Wasser zeitweilig am Hinterteil abzuwaschen und wieder gut zu trocknen, um Erkältungen zu vermeiden. Zur Reinhaltung trägt wesentlich der Lattenrost bei, doch sind manche Tiere trotzdem unsauber, weil sie sich nicht daran gewöhnen, im Stand so weit vorzutreten, daß sie beim Lagern nicht auf dem Kot liegen.

Tafel 1

Abb. 1. Original-Saanenziege „Amanda". 88 cm hoch. Gewicht 180 Pfund

Abb. 2. Rehfarbige Ziege (Guggisberger)

MuG 604: Schneider, Kleintierzucht, 2. Aufl.

Tafel II

Abb. 7. Bastardschaf

Abb. 8. Veredeltes Landschwein „Freiheit" 2991/5937
Züchter: Ökon.-Rat Hoeich-Neukirchen (Altmark)

Vom Melken. Die Milchergiebigkeit wird durch das richtige Melken gesteigert, durch ungeschickte Handhabung verringert und das Euter in kurzer Zeit vollständig verdorben. Es ist deshalb von großer Wichtigkeit für den Ziegenhalter, zu wissen, was beim Melken besonders zu beachten ist. Meistens wird täglich zweimal, selten dreimal in bestimmten Zeitabschnitten gemolken, und zwar früh und abends, gewöhnlich nach der Fütterung, weil dann die Ziege am besten stehen bleibt. Das Melken soll stets von derselben Person ausgeführt werden, weil sich das Tier daran gewöhnt und dann auch willig die Milch hergibt. Jede Gewalt und rohe Behandlung muß selbstverständlich vermieden werden. Der Melker oder die Melkerin muß die Hände sauber waschen und, wenn sie rauh sind, etwas mit Öl oder Butter einfetten. Die Handnägel sind kurz zu halten, um Verwundungen des Euters zu verhüten. Auch das Euter ist vorher sauber abzuwaschen oder doch mit einem Tuche abzuwischen, um anhaftenden Schmutz zu beseitigen. Milchgeschirr und Seihtuch müssen ebenfalls rein und geruchlos sein. Die meisten Milchfehler entstehen durch Unreinlichkeit, und deshalb sind alle Ursachen zu vermeiden, die dazu beitragen können.

Abb. 5. Melken der Ziege.

Das Melken geschieht gewöhnlich von der Seite, wobei die melkende Person sich niederkauert oder auf einen beigestellten niederen Schemel setzt und das Milchgeschirr so vor sich stellt, daß es von der Ziege nicht umgetreten oder umgeworfen werden kann. Um dieses zu verhindern, wird vielfach so gemolken, daß der eine Hinterfuß durch den Arm des Melkers zurückgehalten wird, wie aus der Abb. 5 zu ersehen ist. Ob man seitlich, von vorn oder von hinten melkt, ist Gewohnheitssache.

Das Euter wird erst leicht gewalkt oder geknetet, um den Milchzufluß anzuregen. Die Hände fassen je einen Strich oder eine Zitze. Zuerst schließt sich Daumen und Zeigefinger, dann folgen die übrigen Finger und zuletzt der kleine Finger, wobei durch sanften Druck die Milch nach der Spitze getrieben und dort entleert wird. Der Griff wiederholt sich durch reihenweises Öffnen und Schließen der Finger. Das Melken wird zweckmäßig mit beiden Händen gleichzeitig abwechselnd ausgeführt. Das ist nach praktischen Erfahrungen die bequemste und beste Art der Arbeit. In der Abbildung ist der Handgriff deutlich dargestellt. Es ist von großer Wichtigkeit, daß das Euter vollständig und sauber ausgemolken wird, um Eutererkrankungen durch die zurückgebliebene Milch zu verhüten. Dann ist die zuletzt abgemolkene Milch fettreicher, und schließlich wird durch das reine Ausmelken die Milchergiebigkeit erhöht.

Die Nutzung. Die hauptsächliche Nutzung der Ziege besteht in der Milchleistung. Eine gutmelkende Ziege ist besonders für den kleinen Mann wertvoll, weil sie ihm ermöglicht, die Ernährung der Kinder wesentlich zu verbilligen. Mehrjährige, gutgefütterte Ziegen liefern vielfach 4 bis 5 Liter Milch täglich während der Hauptmelkzeit. Die Ziegenmilch wird als Kindernahrung höher geschätzt als die Kuhmilch. Sie ist auch bedeutend nährstoffreicher und im Geschmack besser, wenn es nicht an der nötigen Pflege des Tieres und der Reinhaltung des Stalles, sowie der richtigen Fütterung fehlt. Die Bestandteile der Ziegenmilch sind nach Fleischmann im Durchschnitt: 86%, Wasser, 5—7% Fett, 3% Eiweiß, 1½% Käsestoff, 4% Milchzucker und 0,7% Mineralsalze. Je nach der Fütterung und Pflege schwankt dieser Gehalt an Nährstoffen, ebenso die Milchleistung. Sie ist am größten in den Wochen nach dem Lammen. Leider nimmt sie mit der fortschreitenden Zeit und dem Abgewöhnen des Lammes allmählich wieder ab und geht schließlich bis auf einen halben Liter täglich zurück, steigt dann wieder etwas mit dem Eintritt der Brünstigkeit, hält kurze Zeit an und versiegt zuletzt 10—15 Wochen vor dem Ablammen vollständig. Ein feststehender Milchertrag ist nie bei allen Tieren vorhanden; er wechselt sehr häufig, besonders wenn die Tiere in andere Hände übergehen, da ja die Fütterung und Stallhaltung einen außerordentlichen Einfluß auf die Milcherzeugung ausübt. Jungtiere geben weniger Milch. Die Milchergiebigkeit ist am größten im 3. bis 7. Jahre und geht mit dem Alter allmählich zurück.

Der eigenartige Geschmack, welcher der Milch mancher Tiere anhaftet, ist fast immer auf schlechtgelüftete Ställe, unzweckmäßige Fütterung und mangelhafte Pflege zurückzuführen. Bei der unterbrochenen Hauttätigkeit, die mit dem Mangel an Hautpflege verbunden ist, tritt der schlechte Geruch und Geschmack der Milch häufig auf.

Da die Ziege sehr selten tuberkelkrank (0,7% gegen 25% bei Kühen) ist, so darf die Milch roh genossen werden; sie hat in ihrer natür-

Die Buttergewinnung

lichen Beschaffenheit einen großen Nährwert und ist am leichtesten verdaulich. In zoologischen Gärten und auch in landwirtschaftlichen Betrieben wurde früher die Ziegenmilch vielfach zur Aufzucht von anderen Tieren, z. B. Ferkeln, verwendet. Bei der in den letzten Jahren immer größer werdenden Milchknappheit hat die Ziegenmilch aber als menschliches Nahrungsmittel an großer Bedeutung gewonnen, und es ist selbstverständlich, daß sie diese Wertschätzung auch für die Zukunft beibehalten wird, nachdem man sich überzeugte, daß die Ziegenmilch von größerem Nährwert ist als Kuhmilch. Ihre Verwendung zu den verschiedenen Milchnährmitteln, z. B. Kefir, Joghurt, Kumys, dann zu Käse und Butter, ist ebenso leicht möglich wie bei der Kuhmilch.

Zur Buttergewinnung muß die Milch entrahmt werden, da sich erst aus dem gewonnenen Rahm oder der Sahne das Milchfett durch Verbuttern abscheiden kann. Die Rahmgewinnung ist auf zweierlei Weise möglich. Die frische Milch wird in einer Milchschleuder oder Entrahmungsmaschine sofort nach dem Melken entrahmt und der gewonnene Rahm oder die Sahne einige Tage kühl aufbewahrt, weil meistens nicht so viel Rahm auf einmal gewonnen wird, daß sich das Buttern lohnt. Das andere Verfahren besteht in dem Aufstellen der geseihten Milch in flachen Schüsseln oder Satten, im Sommer im Keller oder an einem kühlen Ort, im Winter in einem warmen Raum, der möglichst geruchfrei ist, weil die Milch sehr leicht fremde Gerüche annimmt und dann auch der Rahm danach schmeckt. Nach zweitägigem Stehen hat die Milch aufgerahmt, und man kann dann mit einem Löffel die Rahmschicht vorsichtig abnehmen. Der Rahm säuert ohne weiteres während der nachfolgenden Aufbewahrung. Das Verbuttern des mehrtägigen Rahmes gelingt leichter und die Butter wird schmackhafter. Will man einen besonders feinen säuerlichen Geschmack der Butter haben, so muß der durch die Milchschleuder gewonnene Rahm mit reingezüchteten Säuerungsbakterien angesäuert werden, um der eigenen Säuerung vorzubeugen. Diese Rahmsäuerung ist in milchwirtschaftlichen Instituten erhältlich.

Wenn die nötige Menge zum Verbuttern vorhanden ist, wird der Rahm in ein Butterfaß gebracht. Er muß eine Wärme von 12—15° C haben, damit die Verbutterung möglichst schnell und gleichmäßig erfolgt. Höhere Wärme beschleunigt das Ausbuttern, die Butter wird aber schmierig und die Ausbeute ist geringer. Bei kälterer Temperatur dauert die Ausbutterung länger, die Ausbeute wird größer und die

Butter fester. Die Ziegenbutter ist sehr leicht streichfähig und hält sich auch nicht lange, wird also schnell ranzig. Zum Verbuttern genügt eine kleine Haushaltbuttermaschine für 3—6 Liter, da man ja selten größere Mengen Rahm in kurzer Zeit gewinnt. Das Butterfaß muß im Winter vor dem Gebrauch mit warmem Wasser, bei heißem Wetter im Sommer mit kaltem Wasser ausgeschwenkt werden. Das Gefäß wird zur Hälfte mit Rahm angefüllt, dann geschlossen und das Triebwerk oder bei Stoßfässern der Stößel langsam in Bewegung gesetzt. Erst wenn die Abscheidung der Fettkügelchen im Rahm eintritt, ist schnelleres Drehen oder Stoßen angebracht. Das Buttern dauert gewöhnlich $1/2 - 3/4$ Stunde, bei kleineren Fässern und kleinen Mengen natürlich viel kürzere Zeit. Wenn die Klümpchen sich ballen, was durch das erschwerte Drehen oder Stoßen bemerkbar wird, ist die Verbutterung beendet. Man gießt nun den Inhalt des Butterfasses durch das Sieb oder ein Seihtuch, um die Buttermilch abzuscheiden und knetet die zurückgebliebene Butter auf einem Knetbrett so lange durch, bis die Buttermilch vollständig abgesondert ist. Dann wird die Butter geformt und an einem kühlen Ort bis zum Verbrauch aufbewahrt. Aus einem Liter Rahm gewinnt man durchschnittlich 350 g Butter. Die Buttermilch kann in der Küche zu Speisen oder als Getränk verwendet werden.

Die Käsebereitung (Sauermilchkäse) aus der entrahmten Milch geschieht, nachdem sie vollständig geronnen oder sauer geworden ist. Sie wird mäßig erwärmt, damit die Molke und der Käsestoff sich besser abscheiden. Das Gerinnen frischer Milch kann durch Zusatz von einem Löffel saurer Milch beschleunigt werden. Man schüttet die geronnene Milch in ein Seihtuch, damit die Molke abfließt. Sobald der zurückgebliebene Käsestoff oder Quark genügend trocken ist, wird er nach Geschmack mit etwas Salz und Kümmel durchgeknetet und in kleine runde Käschen geformt, die sofort zum Verbrauch geeignet sind. Selbstverständlich kann man auch unentrahmte Sauer= oder Dickmilch verarbeiten, wodurch der Käse bedeutend wohlschmeckender und nährwertiger wird. Das längere Liegenlassen des Käses nach der Fertigstellung ist nicht anzuraten, weil er sehr leicht in Gärung übergeht, dann zähe wird und einen scharfen Geschmack annimmt. Die Molke verwendet man ebenfalls als Getränk oder verfüttert sie an die Schweine.

Die Herstellung des gelabten Käses aus Süßmilch geschieht auf folgende Weise: Die frische Milch wird auf 30—32° C erwärmt und dann durch Zusatz von Labessenz oder Labpulver, welches man unter ständigem Rühren beimengt, gelabt. Die Labessenz erhält man in milchwirtschaftlichen oder molkereitechnischen Betrieben. Die Labstärke ist je nach der Beschaffenheit sehr verschieden. Man muß sich deshalb an die beigegebene Gebrauchsanweisung halten. Nach dem Laben gerinnt die Milch dick und wird dann mit einem hölzernen Säbel kreuz und quer durchschnitten, so daß kleine Stücke entstehen. Dann rührt man mit einem Kochlöffel oder mit der Hand die Masse durcheinander und läßt sie noch $1/4$ bis $1/2$ Stunde stehen, damit der Quark und die Molke sich abscheiden. Darauf wird der Quark in kleine Käseformen gebracht, bei denen Wand und Boden durchlöchert ist, damit das Käsewasser abfließen kann. Man läßt den Quark 24 Stunden in der Form stehen, stürzt ihn dann auf ein Nudelbrett und bringt ihn in den Keller, nachdem er vorher stark gesalzen wurde. In 2 bis 3 Wochen ist der Käse reif und kann verbraucht werden. Älterer Käse verliert den feinen Geschmack und auch den Nährwert. Man kann zur Ziegenmilch Schaf- oder Kuhmilch zusetzen, wodurch nicht allein die Käsemenge vermehrt, sondern auch der Geschmack verfeinert wird. Eine längere Aufbewahrung des gelabten Käses ist nicht anzuraten, weil er sehr leicht zerfließt und besonders im Sommer seine Haltbarkeit schnell verliert.

Die Fleischnutzung ist bei alten Tieren nicht einträglich, weil man zur Erzielung eines höheren Schlachtgewichtes viel gutes Mastfutter verbraucht, das durch den verhältnismäßig geringen Zuwachs an Fleisch und Fett nicht aufgewogen wird. Außerdem läßt auch die Güte des Fleisches viel zu wünschen übrig. Man wird deshalb alte Tiere nicht besonders mästen, sondern sie nach dem Abmelken schlachten. Auch bei den Lämmern ist die Mast nicht so gewinnbringend, daß der Mehrverbrauch an Milch wieder eingebracht wird, wenn es sich um Schlachttiere handelt. Meistens werden nur Bocklämmer, die nicht zur Zucht bestimmt sind, geschlachtet. Sie erhalten 6 Wochen lang die Milch der Ziege und finden dann als Schlachtlämmer gern Käufer, weil das Fleisch wohlschmeckend und zart ist. Sollen sie aufgezogen werden, so ist das Kastrieren im Alter von 4 bis 6 Wochen notwendig. Diese kastrierten Böcke erhalten während des Sommers Weidegang, wo sie bei guter Futtergelegenheit schön fleischig werden. Im Herbst sind sie zu schlachten und liefern einen recht ansehnlichen Braten.

Vielfach werden sie auch als Zugtiere für leichtes Fuhrwerk verwendet und können dadurch für kleine Verhältnisse nützlich werden.

Weibliche Ziegenlämmer von guter Abstammung sollten aufgezogen und zur Zucht verwendet oder verkauft werden. Sie sind als trächtige Jungtiere stets zu guten Preisen abzusetzen und bringen einen guten Verdienst, der die verbrauchte Milch, welche zur kräftigen Entwicklung notwendig ist, mehrfach lohnt.

Die Felle geschlachteter Tiere werden meistens an die Rauchwarenhandlungen verkauft. Sie lassen sich durch Lohgerben zu Schuhleder oder rauhgegerbt zu Decken und dergleichen verarbeiten. Das Selbstgerben ist in Anbetracht der Umständlichkeit und der erforderlichen technischen Fertigkeit nicht anzuraten. Will man die Felle selbst verwerten, so ist die Weitergabe an einen Kürschner zur geeigneten Bearbeitung anzuraten.

Der Dünger findet im Garten, hauptsächlich zu allen starkzehrenden Gemüsepflanzen, z. B. Kohlgewächsen, Salat, Gurken, Kürbis u. dgl. ausgezeichnete Verwendung. Um ihn vollwertig zu erhalten, ist das öftere feste Zusammensetzen auf Haufen und das Übergießen mit Jauche, sowie das Abdecken mit Erde während der Lagerung anzuraten, damit er nicht austrocknet.

Die Zucht. Bei der Auswahl der Zuchttiere ist darauf zu achten, daß sie vollständig entwickelt sind und alle Eigenschaften und Merkmale besitzen, die seitens der Zuchtvereinigungen für den Schlag verlangt und aufgestellt wurden. Die körperliche Ausbildung der Zuchttiere wird durch die richtige Aufzucht und gute Ernährung gesichert. Sie bilden die Grundlage für die spätere Leistungsfähigkeit der Tiere. Die Jungziegen sollten nicht zu früh gedeckt werden. Man soll sie deshalb nach Möglichkeit ein Jahr alt werden lassen. Meistens wird die Ziege schon im Alter von 9—10 Monaten gedeckt. Das ist kein Fehler, wenn das Jungtier von leistungsfähigen Tieren abstammt und Gelegenheit hatte, durch Weidegang sich körperlich kräftig zu entwickeln. Bei der ausschließlichen Stallhaltung kann eine gute Entwicklung nur durch zweckmäßige Fütterung und sorgfältige Pflege erreicht werden. Es ist ferner sehr wichtig, daß man nur von angewählten Zuchttieren abstammende Jungtiere kauft oder selbst aufzieht, wenn sie wieder zur Zucht verwendet werden sollen.

Die Leistungsfähigkeit einer Milchziege wird durch das Probemelken und Messen der gewonnenen Milchmenge festgestellt, doch muß das Probemelken längere Zeit fortgesetzt werden, um ein richtiges Urteil zu gewinnen. Außerdem ist auf die Güte, d. h. den Wohlgeschmack und Fettgehalt der Milch zu achten, da gehaltarme und schlechtschmeckende Milch minderwertig ist. Bei Jungtieren scheidet dieser Umstand bei der Beurteilung aus. Dafür gibt die Abstammung von einem guten Schlag und die körperliche Entwicklung einen bestimmten Anhalt, um auf die zukünftige Leistungsfähigkeit schließen zu können. Als weitere Kennzeichen einer guten Milchziege ist vorzugsweise der langgestreckte Körperbau, die tiefe und breite Brust, der wohlgeformte Hals, die breite Stirn, der schmale Kopf, das breite Becken, und vor allem ein wohlgebildetes Euter, das möglichst rundlich ist und handliche Striche hat, maßgebend für die Beurteilung. Auch die stark hervortretenden Milchadern am Bauche und an der Brust, die Feingriffigkeit des Euters lassen darauf schließen, daß das Tier gut milcht. Die Größe des Euters ist nicht immer maßgebend, weil ja vielfach das vorzeitige Melken, schon vor dem Belegen, auf die Vergrößerung des Euters einwirkt. Deshalb ist das Probemelken bei Milchziegen das einzige zuverlässige Mittel, um sich von der Leistungsfähigkeit überzeugen zu können. Auch der Futterverbrauch ist gewissermaßen bestimmend. Gute Fresserinnen liefern gewöhnlich auch reichlich Milch. Das schließt allerdings nicht aus, daß es auch Ziegen gibt, die trotzdem schlecht melken, viel Futter verwüsten und wählerisch im Futter sind. Man muß deshalb beim Ankauf sehr vorsichtig sein.

Der Bock soll in seinen Körperformen kräftiger und stämmiger als die Ziege, darf aber nicht grobknochig sein. Fehlerhafte Beinstellung, mangelnde Größe, zu geringes Körpergewicht, vor allem der Mangel an Lebhaftigkeit sind schlechte Zeichen. Verkrümmte und schlechte Beine lassen auf Knochenweiche, schlechte Fütterung und ungenügende Ernährung schließen. Bei den Zuchttieren ist die Knochenweiche und die Vererbung schlechter Körperformen sicher anzunehmen. Die vorzeitige Benutzung vor der vollständigen Entwicklung ist ein weiterer Fehler, der erwarten läßt, daß die Nachzucht wiederum minderwertig wird. Schlechte Hufe, sogenannte Bärentatzen, die durch das Durchtreten der Hinterfüße bei Mangel an knochenbildenden Bestandteilen im Futter verursacht werden, machen das Zuchttier vollständig ungeeignet. Zur Förderung der Ziegenzucht ist von den zuständigen Behörden die Auswahl (Ankörung) der Böcke durch einen Tierzuchtinspektor eingeführt worden. Diese Maßnahme trägt wesentlich zur Verbesserung der Nachzucht bei.

Die Haltung der angekörten Böcke wird seitens der Verbände und Genossenschaften gewöhnlich einem Züchter gegen eine vereinbarte Entschädigung überlassen. Ein Auslauf oder der Weidegang auf Grasland sollte unter allen Umständen dabei bedingt werden, denn bei der ausschließlichen Stallhaltung kann kein gutes Ergebnis für die Befruchtung der brünstigen Ziegen erwartet werden; ebenso ist während der Deckzeit eine kräftige Beifütterung mit Hafer neben dem üblichen Grün- und Heufutter notwendig, damit die Leistungsfähigkeit der Böcke nicht nachläßt. Wo eine größere Anzahl Ziegen im Herbst zu decken ist, muß auch eine entsprechende Zahl Böcke vorhanden sein. Während einer Deckzeit sollte ein guter Bock nicht mehr wie 60 Ziegen bespringen und täglich nicht über drei Tiere. Außerdem soll der Bock wenigstens ein Jahr alt sein. Jüngere Tiere erzeugen nur schwache Nachzucht, die nicht lebensfähig oder klein bleibt. Die Förderung der Zucht hängt hauptsächlich vom Bock ab. Geringe Böcke und schlechte Haltung derselben bringen die Zucht zurück und vermindern die Milchleistung.

Das Alter der Ziegen erkennt man an der Zahnbildung. Bei der Geburt hat das Lamm 6 Schneidezähne im Unterkiefer, die als Zangen, innere und äußere Mittelzähne bezeichnet werden; außerdem 6 Backenzähne auf jeder Seite. Nach 3—4 Wochen brechen die äußeren Eckzähne hervor, so daß das ganze Gebiß, die sogenannten Milchzähne vorhanden sind. Nach 4 Monaten erscheinen die 4. Backenzähne im Unter- und Oberkiefer, am Ende des 1. Jahres die 5. und nach $1^{1}/_{2}$—2 Jahren die 6. Backenzähne. Die ersten 2 Schneidezähne oder Zangen wechseln mit $1^{1}/_{2}$ Jahren, die ersten Mittelzähne mit 2 Jahren, die äußeren mit 3 Jahren und die Eckzähne mit 4 Jahren. Desgleichen wechseln die ersten Backenzähne im 1.—2., die dritten im 3. Jahre. Die hinteren Backenzähne werden nicht ersetzt. Nach dem 6.—8. Jahre entstehen bereits Lücken, und von Jahr zu Jahr verringern sich die Zähne in derselben Folge, wie sie entstanden sind. Allerdings ist die Altersbestimmung bei älteren Tieren nur mutmaßlich möglich, weil ja die Fütterung und die Härte des Futters selbst einen großen Einfluß auf die Abnutzung der Zähne haben. Tiere, die vielfach trockenes, hartes Futter erhalten, nützen ihre Zähne bedeutend schneller ab wie andere, welche reichlich Grünfutter und Weichfutter erhalten. Nach dem körperlichen Aussehen, der Größe, der Euterentwicklung u. dgl. läßt sich das Alter eines Tieres nur schätzungsweise bestimmen.

Paarung und Trächtigkeit. Die Hitzigkeit oder Brunst erscheint bei Jungtieren im 9. Monat, bei älteren Tieren meistens im Spätherbst vom September ab. Sie äußert sich dadurch, daß das Tier unruhig wird, ständig meckert und mit dem Schwanze wedelt. Außerdem schwillt der Wurf an. Die Brünstigkeit dauert gewöhnlich nur 1—2 Tage; wird sie übergangen, so tritt sie in 3—4 Wochen wieder ein und äußert sich in der gleichen Weise. Eine nochmalige Wiederholung ist dann in weiteren 3—4 Wochen zu erwarten. Läßt man das Tier nicht belegen und füttert es geringer, so wiederholt sich die Brunst wahrscheinlich im Frühjahr. Das ist unter Umständen vorteilhafter, wenn man mehrere Tiere zur Milchgewinnung hält, weil dann einige im Herbst, die anderen im Frühjahr gedeckt werden können. Dadurch fließen die Milchquellen längere Zeit und der Züchter hat auch im Winter einen Nutzen von seinen Ziegen, weil in dieser Zeit gewöhnlich die meisten Tiere trocken stehen. Das brünstige Tier sollte möglichst bald zum Bock gebracht werden. Um eine sichere Befruchtung zu erreichen, darf der Sprungbock am gleichen Tage nicht bereits öfters gedeckt haben. Es genügt dann das einmalige Bespringen zur Befruchtung, und es ist nicht notwendig, daß der Sprung wiederholt wird, aber es ist darauf zu achten, daß nicht durch einen längeren Weg zum heimatlichen Stalle, durch Springen und Jagen die Befruchtung verloren geht.

Die Trächtigkeit der Ziege dauert 20—22 Wochen, im Durchschnitt 144 Tage. Die Fütterung und Pflege bleibt die gleiche wie seither auch während der Trächtigkeit. Das Tier darf nur nicht zu wässeriges Futter und vor allem nicht zu viel Tränke erhalten. Außerdem dürfen in der letzten Zeit der Trächtigkeit nicht größere Mengen Kraftfutter gegeben werden, um nicht das Verwerfen oder die vorzeitige Geburt und das oft damit zusammenhängende Geburtsfieber zu verursachen. Bei älteren Tieren setzt die Milchergiebigkeit ungefähr 10 Wochen vor der Geburt vollständig aus, nachdem die Milchmenge allmählich weniger geworden ist. Tiere, bei denen die Milch nicht versiegen will, müssen künstlich dazu veranlaßt werden. Es wird statt zweimal des Tages nur einmal am Morgen gemolken. Bei gut melkenden Tieren ist es keine Seltenheit, daß sie bis in die allerletzte Zeit vor der Geburt noch eine gewisse Menge Milch geben. Es ist aber kein Vorteil, weil dadurch die Entwicklung des Lammes beeinträchtigt wird. Anderseits wird behauptet, daß damit eine leichtere Geburt, besonders wenn mehrere Lämmer zu erwarten sind, veranlaßt werden kann. Jedenfalls ist es nicht zweckmäßig, wenn die Lämmer sehr schwach sind, weil dann der größte Teil der Milch später von ihnen verbraucht wird und der scheinbare Vorteil zum Nachteil ausartet. Während der Trächtigkeit darf das Tier nicht ausschließlich im Stalle stehen, sondern es muß zeitweilig bei gutem Wetter ruhige Bewegung im Freien haben, wobei es vor Erkältungen zu schützen ist. Außerdem sind Stöße und Schläge auf den Leib und das Springen beim Treiben zu vermeiden. Ein kalter Stall ist trächtigen Tieren nachteilig. Er muß wenigstens 10—12° C warm sein.

Der Anfang der **Geburt** äußert sich durch lebhafte Unruhe, mangelhafte Futteraufnahme, ängstliches Stöhnen, starke Wölbung des Bauches nach unten, Einsinken der Flanken und des Kreuzes. Um die Zeit bestimmt feststellen zu können, ist es notwendig, den Decktag aufzuschreiben. Man beugt dann wenigstens unliebsamen Überraschungen vor und kann einige Tage vorher den Stall gründlich säubern und reichlich mit trockenem Stroh oder kurzer Streu belegen. Die Geburt geht meistens ohne weitere Beihilfe von statten, die Tiere helfen sich selbst. Bei verzögerter Geburt ist der Tierarzt zu holen, weil dann gewöhnlich eine falsche Lage des Lammes vorhanden ist. Bei glattverlaufender Geburt hat man nur die ausgestoßenen Eihäute und die Nachgeburt zu entfernen, damit sie die Ziege nicht auffrißt. In manchen Gegenden herrscht noch die irrtümliche Auffassung, daß das Auffressen der Nachgeburt notwendig sei zur Reinigung des Muttertieres. Dieses unnatürliche Gebaren verursacht aber Verdauungsstörungen, die für das Muttertier gefährlich werden können. Jungtiere werfen zum ersten Male gewöhnlich ein Lamm, ältere Tiere vielfach zwei, nicht selten auch drei, doch ist die große Anzahl durchaus kein Vorteil, weil die Lämmer dann sehr schwach sind. Das neugeborene Lamm wird mit einem trockenen Tuch abgerieben. Es ist ein Unfug, das Lamm mit Kleie und Salz zu bestreuen, damit die Ziege es ableckt, weil die Haut dadurch verkleistert wird. Nach dem Lammen setzt man dem Muttertier eine warme Kleientränke vor, die leicht gesalzen ist. Nachdem das Tier sich erholt hat, werden die Lämmer getränkt.

Die **Ernährung des Lammes** geschieht naturgemäß durch das Absaugen der Milch am Euter der Ziege. Die Züchter sind aber der Meinung, daß dadurch die Milchergiebigkeit der Ziege nicht ausgenutzt wird, durch die Beunruhigung und das Stoßen der Lämmer Eutererkrankungen nicht selten sind, und es deshalb besser ist, die Milch abzumelken und den Lämmern in einem flachen Gefäß oder Kübel in bestimmten Mengen zu verabreichen. Dadurch würden auch Verdauungsstörungen durch Übersaufen bei den Lämmern vermieden. Jedenfalls hat das Verfahren die größere Milchnutzung zur Folge, die beim Saugenlassen nicht erreicht wird, und erleichtert später das Abgewöhnen.

Die erste oder Biestmilch ist dickflüssig und von eigenartigem Geschmack. Sie regt beim Lamme die Darmtätigkeit an und muß ihm deshalb unter allen Umständen gegeben werden. Es wäre ein großer Fehler, sie auszumelken und wegzuschütten, weil sie schlecht ist, wie vielfach irrtümlich angenommen wird. Ob man sie absaugen läßt oder abmelkt, ist ohne Bedeutung. Jedenfalls wird man beim beabsichtigten Tränken der Lämmer nicht erst mit dem Säugen anfangen. Wer die Lämmer saugen lassen will, sperrt sie in ein gesondertes Abteil, um die ständige Belästigung des Muttertieres zu verhüten und läßt sie in der ersten Woche alle zwei Stunden zum Säugen zu. Nachträglich muß die im Euter verbleibende Milch am Abend ausgemolken werden. Beim Tränken wird die Milch abgemolken und tierwarm sofort in einem mit heißem Wasser vorher ausgebrühten flachen Steingutnapf in kleinen Mengen von $^1/_8$ Liter für jedes Lamm vorgesetzt. Das Saufen lernen die Lämmer durch Saugenlassen am kleinen Finger, den man in die Milch hält oder durch einen Sauger, der im Napf befestigt wird. Das Tränken geschieht in der ersten Woche alle 2—3 Stunden, später alle vier Stunden, wobei die Milchmenge allmählich auf 1 Liter gesteigert wird. Das jedesmalige Reinigen des Napfes ist bedingt, denn die Milch säuert leicht bei warmem Wetter und die Lämmer erkranken an Durchfall, der bei längerer Dauer die Tierchen sehr ermattet und schließlich zum Eingehen führt. Deshalb ist auch pünktliches Einhalten der Tränkzeit geboten. Wird einmal die Milch nicht ausgesoffen, dann ist die nächste Tränke zu übergehen, damit das Lamm wieder Appetit bekommt.

Zur Einleitung des Abgewöhnens erhalten die Lämmer Gelegenheit, von der Tränke des Muttertieres zu saufen. Man gibt deshalb Hafermehltränke und abwechselnd Brotsuppe, Kleientränke und Gersten- oder Roggenschrotsuppen und fügt jedesmal einen Kaffeelöffel voll phosphorsauren Kalk, sowie etwas Salz bei. Alle Tränken dürfen nur mit gekochtem Wasser angerührt und müssen blutwarm gegeben werden. Nebenbei gibt man zartes Grünfutter, feines Heu, jungbelaubte Zweige, Brot u. dgl. Die Lämmer müssen reichlich Gelegenheit haben, sich bei gutem Wetter im Freien tummeln zu können, denn dadurch wird die bessere Entwicklung des Körpers begünstigt. Während der Milchzeit ist es sehr wichtig, daß das Muttertier gut genährt und reichlich gefüttert wird. Außerdem darf niemals die Beigabe von phosphorsaurem Kalk im Futter fehlen, der stets in der Tränke zu verabreichen ist, weil ja durch die Milch ein Teil des Kalkes ausgeschieden wird und den Jungtieren zugute kommt. Die im Frühjahr geborenen Lämmer entwickeln sich am besten. Sie können die günstige warme Jahreszeit, welche ja reichlich Futter bietet, ausnützen. Die Herbst- und Winterlämmer sind bei der ausschließlichen Stallhaltung, die in der kalten Jahreszeit geboten wird, gewöhnlich schwächlicher, wenn nicht durch eine sorgfältige Fütterung und reichliche Bewegungsfreiheit der Mangel ausgeglichen werden kann.

Es ist nicht selten, daß trotz der Hornlosigkeit der Elterntiere infolge Rückschlages die Lämmer Hornansatz zeigen, so daß man gehörnte Nachzucht zu erwarten hat. Dies läßt sich verhindern, wenn man, sobald die Hornzapfen sichtbar werden, sie durch vorsichtiges Betupfen mit Ätzkali wegätzt, d. h. in der Entwicklung hindert. Um das Anätzen der Behaarung zu umgehen, muß die nächste Umgebung des Hornzapfens durch Überdecken mit einem Blech- oder Papierkranz geschützt werden. Die Ätzstelle ist auf das Notwendigste zu beschränken, damit nicht unnützerweise kahle Stellen entstehen. Der angeätzte Hornzapfen verkrustet und kommt nicht zur Entwicklung. Irgendwelche Nachteile sind für das Lamm nicht zu erwarten, nur darf das Anätzen nicht mehr geschehen, wenn der Zapfen bereits verhärtet ist, denn dadurch würden nur mißgestaltete Hörner entstehen, ohne daß die gewünschte Beseitigung möglich ist. Das spätere Enthornen ist deshalb ausgeschlossen.

Regelmäßiges Putzen und Bürsten ist auch bei den Lämmern notwendig, weil der Haarwechsel im Laufe des Sommers einsetzt und bis zum Herbst die richtige Behaarung fertig sein soll. Die zur Zucht bestimmten Lämmer werden im Herbst ausgemustert. Bocklämmer sind vor dem Abgewöhnen zu kastrieren, um sie für die Mast und Fleischgewinnung besser geeignet zu machen. Das Kastrieren geschieht im Alter von 4—6 Wochen und wird am besten von einem Sachverständigen ausgeführt, um jede Tierquälerei und vor allem auch jeden Verlust durch das Eingehen zu verhindern. Ziegenhammel werden bedeutend schwerer im Fleischgewicht, lassen sich leichter mästen und sogar als

Zugtiere verwenden. Auch im Herbste ist das Kastrieren noch möglich, weil die Böcke dann besser ausgewachsen sind. Diese werden stämmiger im Wuchs und sind als Zugtiere besser zu verwenden.

Die Fütterung des Ziegenlammes nach dem Abgewöhnen geschieht in der üblichen Weise wie bei den älteren Tieren. Nur wird man nach Möglichkeit das beste Futter verabreichen und den Tieren reichlich Bewegungsfreiheit gestatten, damit sie ihre Glieder auch gebrauchen lernen, stämmig und kräftig wachsen. Da die Zwitterbildung bei der Ziege sehr häufig ist, muß man schon nach dem Abgewöhnen die Lämmer auf das Geschlecht genau prüfen und zweifelhafte Tiere bezeichnen, damit sie ausgeschieden und geschlachtet werden, nachdem sie einige Zeit vorher gemästet wurden. Eine ausgiebige Heufütterung, besonders bei nassem, kühlen Wetter und bei dem Übergange zur Grünfütterung ist zu beachten, um dem Überfressen vorzubeugen, Verdauungsstörungen und die Trommelsucht zu verhindern.

Die Mastjungtiere, die zum Schlachten bestimmt sind, werden einige Wochen vorher im Stall gehalten, damit sie weniger Bewegung haben. Man füttert sie mit kräftigem Futter, verabreicht Hafer, Gerstenschrot, Leinsamenmehl, gutes Kleeheu und gekochte Kartoffeln und schränkt das Grünfutter ein. Abwechselungsreiches Futter ist besonders notwendig, damit die Tiere freßlustig bleiben. Auch Molkereirückstände, z. B. Magermilch, Molke und dergleichen tragen zum besseren Fleischansatz bei. Meistens werden die kastrierten Böcke in dieser Weise gefüttert, nachdem sie den Sommer über Weidegang erhalten haben. Ziegenlämmer sind nach Möglichkeit aufzuziehen, sie lassen sich auch im Herbst oder, als trächtige Tiere, im Frühjahr besser verkaufen und bringen dann einen größeren Verdienst als durch das Abschlachten. Das Schlachten der Lämmer nach dem Abgewöhnen oder nach 6—8 wochenlangem Säugen ist weniger vorteilhaft und sollte deshalb eingeschränkt werden.

Krankheiten und Fehler.

Aufblähen oder Trommelsucht. Kennzeichen: starkes Aufblähen des Leibes, verminderte Freßlust, unterbrochenes Wiederkauen, erschwerte Atmung unter Stöhnen. Ursache: Überfressen mit jungem Grünfutter, Klee, warmgewordenem oder bereiftem Gras, übermäßige Gasentwicklung im Pansen. Behandlung: $\frac{1}{2}$ l Pfefferminztee mit 10 g Salmiakgeist, oder 15 g unterschwefligsaures Natron in $\frac{1}{4}$ l Wasser, Aufzäumen mit dickem Strohband, um das Wiederkauen anzuregen. Tierärztliche Hilfe durch Anwendung der Schlundröhre oder den Pansenstich.

Magenverstopfung oder Pansenlähme. Kennzeichen: ähnlich wie beim Aufblähen, starkgefüllter Leib, bedächtiges Niederlegen, Schwitzen, auch Fieber. Ursache: Überfressen mit gutem Futter. Behandlung: Langsames herumführen, sanftes Kneten der Flanken und des Bauches, Ausspülen des Mastdarmes, Eingeben von $^1/_{10}$ l Branntwein mit einer Prise Pfeffer oder Leinsamenabkochung mit Glaubersalz, mäßige Fütterung.

Durchfall. Kennzeichen: dünnflüssiger, übelriechender Kot, Kollern im Leib, Mattigkeit, Kräfteverfall, struppiges Haar. Ursache: Erkältung, nasses, bereiftes, in Gärung geratenes Futter, unvermittelter Übergang zum Grünfutter. Behandlung. Eingeben von Tannogen, Tannalbin in Schleimsuppen, Magnesiapulver mit Rhabarber, Pfefferminztee, Eichenrindentee, Trockenfutter, warme Umschläge.

Verstopfung. Kennzeichen: harter Kot, erschwertes Absetzen desselben unter Drängen und Stöhnen. Ursache: Verfütterung von Eicheln, Kastanien, Stroh und anderem Trockenfutter. Behandlung: Seifenwassereingießungen in den Mastdarm, Glaubersalz in Kleientränke, Möhren und Grünfutter.

Euterentzündung. Kennzeichen: hartes, heißes Euter, Schmerzempfindung des Tieres beim Berühren, flockige oder blutige Milch oder Milchmangel, Anschwellung, Vereiterung, Knotenbildung. Ursache: sehr verschieden. Mechanische Verletzungen beim Melken, z. B. Zerren, Quetschen, Einwandern von Kleinlebewesen (Bakterien) in vorhandene Wunden oder in den Zitzenkanal, welche katarrhalische Erkrankungen des Euters veranlassen. Behandlung: Einreiben einer Mischung aus Schmierseife und Eibischsalbe, warme Umschläge mit Heublumen; tierärztliche Behandlung.

Verlammen oder Totgeburt. Kennzeichen: Absetzen toter Lämmer. Ursache: kalter Stall, ungeeignete Fütterung mit gefrorenem, saurem, verdorbenem Futter, Schläge oder Stöße auf den Leib trächtiger Tiere, Fütterung mit verpilztem Stroh. Behandlung: vorsichtige, knappe Fütterung. Bei Ausfluß wiederholte Spülungen der Gebärmutter mit 2%iger Lösung von essigsaurer Tonerde. Leinsamentränke, vorsichtiges Ausmelken.

Knochenbrüchigkeit oder Knochenweiche. Kennzeichen: Schwäche in den Beinen, Verkrümmung, Auftreiben der Gelenke. Ursache: Mangel an Kalksalzen. Behandlung: kalkreiches Futter, Klee, Luzerne, Bohnen, Erbsenstroh, basisch phosphorsaurer Kalk oder Chlorkalzium in die Tränke.

Maul- und Klauenseuche. Kennzeichen: Blasen und Geschwüre auf der Maulschleimhaut, im Klauenspalt, an der Hufkrone, am Euter, verminderte Freßlust, Fieber, Milchmangel. Ursache: Ansteckung durch Übertragung des Seuchengiftes. Behandlung: nur durch den Tierarzt. Krankheit nach dem Seuchengesetz anzeigepflichtig!

Läuse. Kennzeichen: Scheuern des Tieres, struppiges Haar, Nisse und Läuse in den Haaren. Ursache: mangelnde Haut- und Haarpflege. Behandlung: Scheren langhaariger Tiere, gründliches Waschen mit Tabakbrühe (Abkochung von Zigarrenstummeln oder Rauchtabak, $^1/_4$ kg auf 5 l Wasser) oder Essigwasser oder wiederholtes Einreiben von Öl mit etwas Kreolin, nach einigen Tagen Seifenwasserbad.

Räude. Kennzeichen: schorfige, schuppige Haut, Borkenbildung, ständiges Scheuern und Kratzen des Tieres, Haarausfall. Ursache: Hautgrabmilbe, welche im Zellgewebe der Haut sich einnistet. Behandlung: am besten tierärztlich. Einreiben eines Räudemittels, z. B. Styraxlösung, Birkenholzteer. Übertragbare Krankheit!

Selbstausmelken. Kennzeichen: leeres Euter trotz guter Fütterung, mangelnde Milch. Ursache: Verfütterung von Milch an trächtige Tiere. Behandlung: Anlegen eines Holzkragens

Abb. 6.
Halskragen für selbstausmelkende Ziege.

von 20—30 cm langen Holzstäbchen, um das Abbiegen nach hinten zu verhindern (Abb. 6). Anlegen eines Eutersackes.

3. Das Schaf.

Die Schafhaltung ist seit Mitte des vorigen Jahrhunderts und den nun folgenden Jahrzehnten in Deutschland und Österreich immer mehr zurückgegangen. Schuld daran war die große Ausdehnung der Schafzucht in überseeischen Ländern und die Versorgung der alten Welt mit Fleisch, Wolle und Häuten zu weit billigeren Preisen, als die Erzeugung im eigenen Lande sie ermöglichte. Dazu trug auch die Änderung der Betriebsweise in der Landwirtschaft, der vermehrte Zuckerrüben-, Kartoffel- und Getreidebau wesentlich bei, ferner die Verminderung der Weideplätze in den Gemeinden und die bessere Ausnützung der Ländereien durch den Anbau wichtiger Nutzpflanzen. Erst der Krieg hat uns gelehrt, daß die deutsche Landwirtschaft die Schafzucht nicht vollständig entbehren kann und sich in Zukunft wieder ernstlich damit beschäftigen muß.

Der Kleintierzüchter wird wegen des Mangels an Weideland und Futtermitteln, die er nicht selbst erzeugen kann, von der Zucht wie bei der Schweinehaltung ganz absehen und sich ausschließlich mit der Haltung eines oder einiger Tiere beschäftigen, welche neben der Ziegenzucht einen wertvollen Zuwachs an Fleisch und Wolle gewähren.

Die Rassen. Die Wahl eine Rasse wird durch die örtlichen Verhältnisse bestimmt. Die Kleinbesitzer kaufen gewöhnlich Lämmer von dem in ihrer Gegend gezüchteten Schlag, seltener ein teures Tier aus einer Hochzucht. Wir haben in Deutschland noch verschiedene Stammzuchten der Fleisch- und Wollrassen, z. B. das Eskurial-, Merino-, Shropshire-, Oxfordshire-, Hampshiredown-, Sufferschaf usw., die für den Kleintierzüchter wegen des hohes Preises und der besonderen Ansprüche an Fütterung und Pflege ungeeignet sind. Für ihn ist das **schlichtwollige deutsche Schaf** jedenfalls der beste Schlag. Es kommt als Unterarten nach der Gegend benannt als **fränkisches Schaf**, **Rhönschaf**, **Mecklenburger Landschaf** vor. Ferner gibt es Kreuzungsschafe, die aus einheimischen und fremden Schlägen entstanden sind, z. B. das **württembergische Bastardschaf** (siehe Tafel II Abb. 7). Von den einheimischen Niederungsschafen sind zur Haltung geeignet: die **Heidschnucke**, das **Friesische Milchschaf**, das **Eiderstedter** und **Dithmarscher**.

Der Stall soll bei der paarweisen oder Einzelhaltung dem Ziegenstall gleich sein. Es ist am besten, das Schaf neben der Ziege einzustallen, weil Fütterung und Pflege gleich sind und deshalb die Arbeit wesentlich erleichtert wird.

Futter und Fütterung unterscheiden sich nicht von dem der Ziege. Das Schaf ist nur genügsamer im Futter und kann nötigenfalls im Winter mit ausreichenden Mengen gutem Heu und Stroh durchgefüttert werden. Im Sommer wird man das Schaf ausschließlich durch Weidegang ernähren, weil dadurch die Haltung vereinfacht und verbilligt wird. Besonders die Heidschnucke und das Milchschaf verlangen Weidegang, letzteres auf fetten Wiesen, wenn es im Milchertrag leistungsfähig bleiben soll. Da bei der Ziegenfütterung ausführlich die Fütterung beschrieben wurde, so kann auf diese verwiesen werden. Das Tränken geschieht täglich einmal, nach Grünfutter überhaupt nicht. Salz und Futterkalk (je 5 g) gebe man täglich.

Haltung und Pflege. Bei der Stallhaltung ist ein trockenes Lager notwendig. Beim Weidegang sind nasse, sumpfige Wiesen wegen der Leberegelseuche zu meiden, ebenso ist taufrisches und bereiftes Gras nachteilig. Vor dem Überfressen mit grünem Klee und Luzerne ist zu warnen, die Tiere gehen sehr leicht an Blähsucht zugrunde. Das Naßwerden durch Regen schadet nicht, soll aber bis zum Durchnässen vermieden werden. Desgleichen ist große Hitze in der Sonne schädlich. Die Reinigung der Klauen soll öfters erfolgen. Das **Scheren** geschieht bei ausgewachsenen Tieren im Mai, bei langhaarigen noch einmal im Herbst, Lämmer haben im ersten Jahre nur bei guter Ernährung starke Wolle.

Die Zucht. Das Schaf ist erst im Alter von 1½ bis 2½ Jahren zur Zucht zu verwenden, obwohl es schon früher brünstig wird. Bei der Deckzeit im Herbst erfolgt die Lammung im Frühjahr, da das Schaf 140—160 Tage trächtig geht. Die Brunst äußert sich nicht so lebhaft wie bei der Ziege und dauert nur 24 Stunden. Sie wiederholt sich nach 3 Wochen, wenn keine Befruchtung stattgefunden hat. Zur Sommerlammung läßt man das Schaf im Dezember bis Januar decken, wenn die Futterverhältnisse im Frühjahr nicht günstig sind. Zum Bespringen bringt man das Schaf zum Bock in den Stall. Es genügt ein Sprung zur Befruchtung. Nach dem Lammen tritt die Brunst nach 6 Wochen wieder ein, und das Tier kann wieder gedeckt werden, wenn man zwei Lämmer in einem Jahr züchten will. Die Bockhaltung stellt die gleichen Bedingungen wie bei der Ziegenzucht. Sprungböcke werden deshalb nur in Stammzuchten gehalten. Während der Trächtigkeit, besonders in der letzten Zeit, sind lange Märsche, das Hetzen und Drängen der Tiere, überhaupt jede Beunruhigung und Belästigung durch Erschrecken zu verhüten. Vorsichtiges Füttern mit gesundem Heu und Stroh, Mohrrüben, Kartoffeln, mäßiges Tränken; kleine Beigaben von phosphorsaurem Kalk und Salz sind notwendig.

Die Geburt vollzieht sich ohne Beihilfe, sollte aber überwacht werden, damit sie nötigenfalls unterstützt und die Nachgeburt sofort beseitigt wird. Das Euter ist zu reinigen und das Lamm zum Saugen zuzulassen, sobald es trocken geworden ist. Meistens wird ein Lamm geworfen, nicht selten sind aber auch zwei Lämmer, besonders beim Milchschaf und bei mehrjährigen Tieren. Das Verlammen oder Verwerfen ist stets mit langwieriger Krankheit verbunden. Das Abschlachten des Muttertieres ist deshalb gewöhnlich das beste Mittel, um weiteren Verlusten vorzubeugen.

Die Aufzucht des Lammes gelingt ohne Schwierigkeit, wenn es die Muttermilch vollständig erhält. Es wächst dann rasch und ist in drei Wochen so weit, daß es anfängt, vom Futter des Mutterschafes zu fressen. Für eine reichliche Milchbildung ist durch kräftiges und gutes Futter zu sorgen, damit das Lamm gut ernährt wird und sich ungehindert entwickeln kann. Mit 3—4 Wochen kann das Lamm entwöhnt werden, wozu das gute Futter wesentlich beiträgt. Bocklämmer sind vorher zu kastrieren, wenn die Verwendung zur Zucht nicht beabsichtigt wird.

Die Fütterung der entwöhnten Lämmer erfolgt mit gutem Heu und Gras; Hafer leistet als Beifutter Vorzügliches und verhindert den gefürchteten Durchfall. Weidegang bei trocknem Wetter ist unentbehrlich. Wo dieser nicht ungehindert möglich ist, gewährt man freien Aufenthalt in einem umzäumten Wiesenplatz. Die ausschließliche

Stallhaltung ist zu widerraten. Lämmer vom Frühjahr sind im Spätherbst bei guter Ernährung so weit entwickelt, daß sie ohne weitere Mast geschlachtet werden können. Sie liefern ein saftiges, fettes Fleisch. Soll viel Fett erzeugt werden, so ist eine mehrwöchige Stallhaltung und reichliche Fütterung mit Kartoffeln, Rüben, Klee, Gras und Hafer angebracht. Junglämmer werden meistens im Alter von 10—12 Wochen geschlachtet, nachdem sie ausschließlich die Muttermilch und Hafer erhielten.

Der Nutzen. Das Schaf nützt durch die Wolle, das Fell, das Fleisch und die Milch. Bei der Einzelhaltung ist die Wollnutzung nicht groß, weil das Lamm selten länger als ein Jahr gefüttert und vielfach im Herbst oder Winter geschlachtet wird. Die Lammwolle ist weicher und feiner, sie wird in ländlichen Haushaltungen im Winter zu Strickwolle versponnen, andernfalls verkauft. Das Fell wird gewöhnlich ebenfalls verkauft oder mit kurzer Behaarung gegerbt und dann zu Kleidungsstücken oder Decken verwendet. Der Schafpelz ist in österreichischen Alpenländern und Ungarn ein wichtiges Bekleidungsstück. Das Fleisch wird zur menschlichen Ernährung außerordentlich geschätzt und ist als Hammelbraten und Keule auch in der feinen Küche sehr beliebt. Die Milch kann der Ziegenmilch gleich bewertet werden. Sie ist bei guter Weide noch fetter. Soweit sie nicht zur Aufzucht des Lammes dient, wird sie meistens zu Käse verarbeitet.

Es ist zu wenig bekannt, daß alle Schafe, also nicht lediglich das friesische Milchschaf milchergiebig sind und regelmäßig gemolken werden können. Das Schaf gibt $1/2$—3 l Milch, je nach der Abstammung des Tieres. In den Alpenländern rechnet man bei den einheimischen Schafen mit 1—$1\frac{1}{2}$ l vom Tag und Tier. Die Verarbeitung zu Butter ist weniger üblich, weil die Milch schwer aufrahmt und selten auch so große Mengen vorhanden sind, daß sich die Rahmgewinnung lohnt. Dagegen ist die Käsebereitung sehr zu empfehlen, denn der Schafkäse ist ein vorzügliches Nahrungsmittel. Er kann unter Beigabe von Ziegen- und Kuhmilch hergestellt werden. Jedenfalls verdient die Schafhaltung auch zur Milchgewinnung unter geeigneten Futterverhältnissen mehr wie bisher aufgenommen zu werden.

Friesische Milchschafe werden deshalb vielfach als Ersatz für Ziegen empfohlen. Die Leistung ist aber entschieden geringer, denn die Milchergiebigkeit läßt nach dem Abgewöhnen des Lammes sehr bald nach. Über das ostfriesische Milchschaf besondere Angaben zu machen, ist überflüssig, weil es sich nicht in Pflege und Haltung von anderen Schafen unterscheidet. Nur die Fütterung ist reichlicher und bedingt fette Weide.

Der Schafdünger ist wegen seines hohen Stickstoffgehalts sehr zu schätzen. Er übertrifft den Rinder- und Pferdedünger doppelt in der Wirkung und im Werte. Er kann zu allen raschwüchsigen Gartenpflanzen, besonders zu Kohlarten, zu Kürbis und Gurken, ferner zu Rüben und Kartoffeln verwendet werden.

Die Krankheiten des Schafes sind die gleichen wie bei der Ziege. Es kann deshalb darauf verwiesen werden. Eigenartig ist für das Schaf die Leberegelseuche. Kennzeichen: Mangel an Munterkeit und Freßlust, Ausfallen der Wolle, blasse Schleimhaut der Augen, Abmagerung, Siechtum, Wassersucht. Ursache: Aufnahme der Leberegelbrut mit dem Futter auf sumpfigem Weideland. Entwicklung im Magen zum Egel, Einwandern in die Gallengänge und Leber. Behandlung: nur durch Tierarzt, gewöhnlich zwecklos. Gewährsfehler mit 14 Tagen Frist.

Drehkrankheit. Kennzeichen: schwankender Gang, Hängenlassen des Kopfes, Drehen nach einer Seite. Ursache: Aufnahme der Eier des Hundebandwurms mit dem Futter, dessen im Magen sich entwickelnde Embryonen ins Gehirn wandern und blasenähnliche Gebilde mit einhergehender Entzündung verursachen. Behandlung: operativ durch den Tierarzt; Abschlachten das beste Mittel.

4. Das Schwein.

Wo ausreichend Futtermittel vorhanden sind, kann unter Umständen die Schweinehaltung und -mast gewinnbringender für den Kleintierzüchter sein, wie die Kaninchenzucht, wenn es sich darum handelt, die Fleischversorgung für den eigenen Bedarf zu betätigen. Die Schweinezucht, um Ferkel für den Verkauf zu ziehen, erfordert dagegen nicht allein größere Futtermittel, sondern auch besondere **Stalleinrichtungen** und die Angliederung an einen landwirtschaftlichen Betrieb. Sie ist deshalb nicht überall möglich. Der Selbstversorger wird sich Ferkel oder junge Schweine zur Aufzucht kaufen und diese nach Bedarf mästen, um sie später zu schlachten. Das ist im Kleinbetriebe vorzugsweise das übliche Verfahren.

Die Rassen. Wir unterscheiden in Deutschland drei verschiedene Rassen: das gewöhnliche Landschwein, das veredelte Landschwein und das weiße deutsche Edelschwein. Das gewöhnliche Landschwein kommt noch in verschiedenen Gegenden Deutschlands vor, z. B. in Bayern, Württemberg, Hannover, Braunschweig,

36 4. Das Schwein

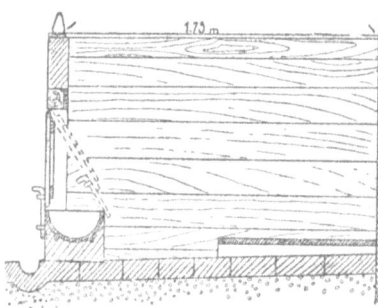

Abb. 9. Längsschnitt der Schweinebucht.

Franken, Rheinpfalz usw. Es eignet sich hauptsächlich für Verhältnisse, bei denen eine sorgfältige Pflege und Fütterung mit Kraftfutter nicht möglich oder sich doch nur auf die letzte Zeit der Mast beschränkt. Es ist widerstandsfähig, anspruchslos in der Haltung, besitzt aber nicht die Raschwüchsigkeit des Edelschweines und eignet sich gut für den Weidegang. Das veredelte Landschwein (siehe Tafel II Abb. 8) ist durch Kreuzung des gewöhnlichen Landschweines mit dem Edelschwein entstanden und ist für alle Verhältnisse gut zu gebrauchen. Es ist raschwüchsig, erfordert keine besondere Fütterung mit Kraftfutter, eignet sich gut für den Weidegang und zur ausschließlichen Stallhaltung. Zum veredelten Landschwein gehört das westfälische Schwein, das Meißner Schwein und ähnliche Schläge, die hauptsächlich auf den Gebrauchswert für die verschiedenen Bedürfnisse ihrer örtlichen Verwertung des Marktes gezüchtet werden. Das weiße deutsche Edelschwein stammt von den großen englischen Rassen ab und hat besonders für Wirtschaften, welche eine reichliche gute Fütterung und sorgfältige Abwartung gewährleisten, als Mastschwein Bedeutung. Es ist empfindlicher in der Aufzucht und anspruchsvoller in der Fütterung wie das veredelte Landschwein und bedingt deshalb eine sorgfältige Pflege. Vom schwarzen englischen Edelschwein werden in Deutschland die Abstammungen des Berkshire- und Cornwall-Schweins gehalten. Sie sind mittelgroß und nicht so anspruchsvoll wie das weiße Edelschwein.

Bei der Einzelhaltung in Kleinbetrieben wird es sich in der Hauptsache um Kreu-

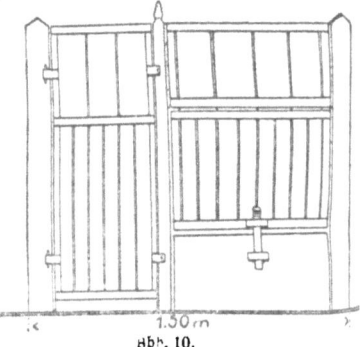

Abb. 10.
Vorderseite der Bucht mit Türe und Futtertrogklappe.

zungen handeln, die aus dem veredelten Landschwein oder dem Edelschwein entstanden sind. Für die Zucht sind diese nicht zu empfehlen, da es zwecklos wäre, mit den vorgenannten reingezüchteten Schlägen, die ja auf Gebrauchswert für bestimmte Verhältnisse gezüchtet sind, weitere Kreuzungen vorzunehmen und sie weiterzuzüchten.

Der Stall. Im Kleinbetrieb wird für das Schwein eine Bucht oder ein Koben im Ziegenstalle abgegrenzt, der eine Grundfläche von 2—3 qm hat (Abb. 9). Die Wände bestehen aus starken Holzbohlen und sind 1½ m hoch herzustellen. An der Vorderseite der Bucht ist die Türe und der Futtertrog angebracht, der durch eine Türe von außen zugängig ist. Die Türe schlägt nach innen auf, damit beim Füttern das Schwein nicht in den Trog gelangen kann und die Entleerung des Futtereimers leicht möglich ist. Sobald das Futter eingefüllt ist, wird die Türe wieder nach außen aufgeschlagen und durch den angebrachten Riegel gesichert (Abb. 10). Der Trog soll aus Zement oder aus glasiertem Steingut bestehen, weil er leichter zu reinigen ist und die Säuerung durch übriggebliebene Futterreste verhindert wird. Holztröge sind deshalb weniger zweckmäßig.

Der Boden der Bucht wird aus hartgebrannten Klinkersteinen oder Zementbeton hergestellt und soll das Gefäll nach der Tür zu haben, damit der Urin in die Jaucherinne, welche längs der Stallgasse läuft, abfließen kann. Auf diese Weise hat das Tier an der hinteren Wandseite eine trockene Lagerstätte, die durch eine Holzpritsche aus starken Bohlen noch verbessert werden kann. Diese Holzpritsche muß aber mit Karbolineum oder Teer gut gestrichen sein, um sie trocken zu halten. Sie darf nicht hoch liegen, damit nicht Ratten darunter sich aufhalten können. Bei großer Kälte wird die Bucht durch Überlegen von Stangen und Aufschichten von Stroh abgedeckt und dadurch eine größere Wärmehaltigkeit herbeigeführt. Im übrigen richtet sich die Lüftung und der Lichteinfall nach den Stallverhältnissen. Man wird nach Möglichkeit vermeiden, daß die Schweinebucht an der dunkelsten Stelle des Stalles angelegt wird, weil dadurch die Übersichtlichkeit und vor allem auch die leichte Abwartung erschwert wird. Wo eine größere Anzahl Schweine gehalten wird, sind besondere Ställe notwendig, deren Einrichtung nach denselben Grundsätzen geschieht wie sie für zweckmäßige Stallungen bedingt sind.

Ein Auslauf in einem schattigen Hofe oder auf Gras bewachsenem Baumland sollte auch bei der Einzelhaltung nicht fehlen, denn im Sommer ist der Aufenthalt im Freien für das Tier gesünder, und auch im Winter ist bei gutem Wetter ein zeitweiliger Auslauf nötig, weil damit die Reinigung der Bucht verbunden werden kann. Hier soll den Tieren Gelegenheit geboten werden, ihrem natürlichen Bedürfnis entsprechend wühlen zu können. Man schüttet in einer Ecke einen Haufen lockere Erde, die mit Asche oder mit Kalk vermischt ist, auf, damit die Tiere davon fressen können, weil dieses zu ihrem Wohlbefinden beiträgt. In einem sorgfältig angelegten Auslauf ist im Boden ein Becken, das 20-30 cm hoch mit Wasser gefüllt wird und im Sommer von den Schweinen als Bad benutzt wird. Außerdem sind zum Schutze der Bäume, die zur Beschattung des Auslaufs vorhanden sein müssen, ringsherum rauhe Pfähle eingeschlagen, damit sich die Schweine daran reiben können. Ohne diesen Schutz würden die Bäume sehr bald an der Rinde beschädigt.

Die Aufzucht und Fütterung des Jungschweines. Der Kleintierzüchter kauft für seinen Bedarf gewöhnlich ein abgesetztes Ferkel im Alter von 6—8 Wochen und sorgt dafür, es durch möglichst billige Fütterung während des Sommers zur vollständigen Entwicklung zu bringen, um es später nach mehrwöchiger Mast schlachtreif zu machen. Die abgewöhnten Ferkel sind anfangs noch empfindlich und erfordern eine sorgfältige Fütterung, die hauptsächlich mit eiweißreichem Futter geschehen muß, weil dieses das Wachstum am meisten begünstigt. Wo die Ziegenhaltung gleichzeitig betrieben wird, bietet die Aufzucht keine großen Schwierigkeiten, weil man dann die notwendige Milch zur Fütterung beschaffen kann. Das Schweinchen erhält täglich 1—2 Liter abgerahmte süße Magermilch neben kleinen Beigaben geschroteter Gerste und etwas Fleischmehl; außerdem gibt man abwechselnd die im Haushalte sich ansammelnden Küchenabfälle, gutes Grünfutter, das zerkleinert und auch gekocht oder gedämpft verabreicht werden kann. Große Mengen dünner Tränke sind nicht anzuraten. Sie führen nur zu einer Verwässerung des Blutes und machen das Tier weniger widerstandsfähig. Auch die rohen Kartoffelschalen sollten stets gedämpft werden, wobei das Dämpfwasser abzugießen ist, weil es leicht Hautausschläge verursacht und besonders im Frühjahr und Sommer, wenn die Kartoffeln keimen, wirklich nachteilig ist. Im Alter von 12 Wochen ist das Jungschwein mit geringerem Futter zufrieden; in der Hauptsache besteht dieses aus Grünfutter, jungem Klee, zartem Gras, Abfällen aus dem Garten, Saudisteln u. dgl. Alles Grünfutter muß kleingeschnitten werden; es darf nicht welk und abgelagert sein und soll in möglichst großer Abwechslung gegeben werden. Außerdem sind als Ersatz für das fehlende Eiweiß kleine Mengen Fisch-, Fleisch- oder Blutmehl notwendig. Die Kleie, ebenso frische Malztreber aus Brauereien, Rüben gibt man meistens zum Weichfutter, das zum größten Teil aus Küchenabfällen und dickem Spülicht besteht. Kleine Zugaben von Futterkalk und ganz wenig Salz dürfen auch da nicht fehlen. Da man selten genügend Küchenabfälle aus dem eigenen Haushalt erhält, so ist das Sammeln aus anderen Haushaltungen anzuraten, weil ja die Küchenabfälle meistens nutzlos verloren gehen, wenn sie nicht selbst durch Kleintierhaltung nutzbar gemacht werden.

Vor dem Spülicht und Speiseresten aus Gasthäusern und Anstalten ist zu warnen, wenn nicht eine sorgfältige Trennung der rohen und gekochten Abfälle möglich ist. Meistens wird gar nicht darauf geachtet, daß derartige Abfälle zu scharf gesalzen, vielfach bereits infolge ungeeigneter Aufbewahrung in Gärung übergegangen sind und leicht zu Verdauungsstörungen der Tiere führen können. Es sollte überhaupt alles Futter nach Möglichkeit gekocht oder gedämpft werden, um die vorhandene Gärung zu vernichten und für die Verdauung unschädlich zu machen. Außerdem empfiehlt sich bei derartigem Futter stets etwas Futterkreide beizufügen, um die Säurebildung im Magen zu verhindern. Die angegebene Fütterung kann fortgesetzt werden, bis das Schwein ausgewachsen ist oder sich so weit entwickelt hat, daß die Mast von Nutzen wird. Die Fütterung junger Schweine, die noch wachsen müssen, ist mit Mastfutter wenig einträglich. Es wird zu viel wertvolles Futter auf Kosten des Körperwachstums verbraucht. Dazu genügt die Grünfütterung und die Verabreichung von Küchenabfällen und der bereits erwähnten billigen Futterstoffe vollständig.

Wie oft die Schweine gefüttert werden sollen, hängt vor allem von dem verabreichten Futter selbst ab. Das dreimalige Füttern am Tage ist jedenfalls bei Mastschweinen zu wenig. Richtiger ist das fünf- bis sechsmalige Füttern in bestimmten Zeitabschnitten, die aber genau einzuhalten sind, wobei stets dieselbe Person füttert. Genaue Futtermengen anzugeben, ist nicht gut möglich. Bei brei-, nicht suppenartig gereichtem Futter stellen sich die täglichen Bedarfsmengen ungefähr folgendermaßen:

4. Das Schwein

Alter in Monaten	Durchschnittsgewicht in kg	Tägliche Futtermenge in kg
2— 3	20	2,5— 3,0
3— 5	50	5,0— 5,5
5— 6	65	6,0— 6,5
6— 9	90	7,5— 8,0
9—12	130	9,5—10,0

Diese Zahlen, welche auch nur wieder einen dürftigen Anhalt bieten, zeigen, daß ein Tier verhältnismäßig mehr Futter braucht, je jünger es ist.

Die angegebenen Mengen können nur als Durchschnittszahlen gelten. Manche Tiere, besonders wenn sie paarweise oder in vielfacher Zahl gehalten werden, fressen gieriger und mehr als bei Einzelhaltung. Deshalb empfiehlt es sich schon aus praktischen Gründen, zwei Schweine zu halten, denn die Arbeit bleibt die gleiche, nur die Futtermengen sind verschieden; zwei Tiere wachsen aber bedeutend besser heran, und deshalb ist die Aufzucht vorteilhafter.

Die Mast. Im Kleinbetrieb, wo die Futterbeschaffung durch den eigenen Anbau besorgt wird, ist der Herbst die beste Zeit zum Beginn der Mast. Es gibt Rüben, Kartoffeln, Getreide, Bohnen und Erbsen, die schon mit Rücksicht auf den größeren Futterbedarf in vermehrter Menge angebaut wurden. Die Mast beginnt jetzt mit der Verfütterung größerer Mengen Kartoffeln, denen noch im Anfang etwas Fleisch- oder Fischmehl zugesetzt wird. Mit Rüben, die frisch oder auch gedämpft gegeben, und denen Gerstenschrot, Mais, Bohnen und Erbsen in kleinen Mengen beigefügt werden, ist die Reihenfolge des Futters abwechslungsreich zu machen. Die Hauptsache ist bei der Mast stets, das Futter in verschiedener Zubereitung vorzusetzen, einmal gedämpft, dann wieder roh und stets in solchen Mengen, daß sie auch jedesmal aufgefressen werden. Eine bessere Ausnützung des Körnerfutters ist jedenfalls durch das Anquellen, möglicherweise auch durch das Dämpfen herbeizuführen, wenn auch anderseits behauptet wird, daß derartiges Futter weniger eingespeichelt und infolgedessen auch schlechter verdaut wird. Es kommt ganz darauf an, in welchen Mengen das Futter verabreicht wird. Sobald die Menge über die Leistungsfähigkeit der Verdauung hinausgeht, hilft die beste Zubereitung nichts, und es geht ein großer Teil des Futters dann ungenützt durch den Darm verloren. Es ist deshalb sehr wichtig, daß man das Schwein bei der Fütterung beobachtet und zwar nicht allein auf die Freßlust hin, sondern auch auf die Verdauung, ob nicht unverdautes Futter, besonders von Körnern im Kot vorhanden ist. Tiere, die schlecht kauen, werden auch bei der Verfütterung von Schrot schlecht verdauen. Es läßt sich deshalb niemals eine bestimmte Angabe über die Art und Weise der Fütterung machen, sondern es muß der eigenen Beurteilung überlassen bleiben, wie sie einzurichten ist.

Bei Vollmast kann eine tägliche Zunahme von $1/4$—$1/2$ kg und bei schnellwachsenden Schweinen auch bis zu $3/4$ kg erzielt werden. Diese Zunahme hängt vor allen Dingen von der Beschaffenheit des Futters ab, das bekanntlich aus Eiweiß, Stärke und Fett im richtigen Verhältnis zusammengesetzt sein muß. Die Zunahme des Körpergewichts wird am besten wöchentlich durch regelmäßiges Wiegen auf der Wage festgestellt. Ist eine wesentliche Steigerung nicht mehr wahrnehmbar, und hat das Tier bereits die gewünschte Schwere, dann ist die Mast durch die Schlachtung zu beenden.

Futterzusammenstellungen, wie sie sich mit den während der Kriegszeit zur Verfügung stehenden Mitteln erreichen ließen, sind folgende:

1. Für ein Schwein von ungefähr 20 kg Lebendgewicht für den Tag:

Futterrüben oder Kartoffeln, Schalen, Gemüseabfälle 2—$2^{1}/_{2}$ kg
Gerstenschrot $1/4$ kg
Klee, Luzernenhäcksel usw. $1/4$ kg
Nährhefe 60 -100 g
Futterkalk oder Schlämmkreide 3—4 g

2. Für ein Schwein mit 65 kg Lebendgewicht für den Tag:

Futterrüben, Kartoffeln, Schalen, Gemüseabfälle usw. $4^{1}/_{2}$—5 kg
Geschrotene oder gedämpfte Eicheln $1/2$—$3/4$ kg
Klee- und Serradellaheuhäcksel $3/4$—1 kg
Blut- oder Fischmehl 50 —70 g
Brennesselblätter 100—200 g
Futterkalk 5—6 g

3. Für ein Schwein von 100 kg Lebendgewicht (also am Ende der Mastzeit) für den Tag:

Futterrüben, Kartoffeln, Küchenabfälle usw. $6^{1}/_{2}$—$6^{3}/_{4}$ kg
Gerstenschrot $1/4$ kg
Eiweißsparfutter $1/4$ kg
Brennesselblätter, Erbsen-, Luzernen-, Kleeheuhäcksel usw. 1—$1^{1}/_{2}$ kg
Nährhefe 100—150 g
Schlämmkreide 5—7 g

Die Verwertung. Die Schlachtung wird durch einen Fleischer oder Metzger ausgeführt, der das Tier durch einen Schlag auf den Schädel betäubt und es dann absticht. Das ausfließende Blut wird aufgefangen und durch fleißiges Umrühren vor dem Gerinnen bewahrt, um später zur Wurstbereitung Verwendung zu finden. Das geschlachtete Tier wird in einer Wanne gebrüht und dann enthaart, wobei durch Zuhilfenahme von Schaben und Messern die Haare sauber entfernt werden. Dann werden die Eingeweide herausgenommen und durch den Fleischbeschauer die Brauchbarkeit des Fleisches festgestellt. Die Aufteilung geschieht nach Bedarf, nachdem das geschlachtete Tier wenigstens 12 Stunden lang gehängt hat und ausgekühlt ist. Die Därme werden gereinigt und ebenfalls zur Wurstbereitung mit verwendet. Die geschlachteten Tiere werden nach dem Abtühlen zerteilt und das Fleisch zum größten Teil in Salzlake eingelegt, um nach mehrwöchigem Pöteln geräuchert zu werden. Die inneren Teile nebst dem Blut verarbeitet man meistens zu Blut- und Leberwurst. Da vom Schwein alles zu verwerten ist, so kann bei sorgfältigem Verarbeiten kein großer Verlust entstehen.

Die Zucht. Bei der Auswahl der Zuchttiere ist darauf zu achten, daß sie alle Rasseeigentümlichkeiten besitzen, welche von der Rasse, dem Schlag oder Stamm verlangt werden. Das Schwein muß gut entwickelt und gesund sein, gute Körperformen aufweisen und viele kräftige Zitzen haben. Tiere des mittelgroßen Schlages können im 9. Monat zur Zucht verwendet werden, bei den größeren Schlägen wartet man besser einige Monate länger; doch müssen die Tiere Weidegang gehabt haben, damit sie nicht vorzeitig verfetten und zur Zucht überhaupt untauglich werden. Ein Zuchtschwein kann so lange zur Zucht verwendet werden, als es eine befriedigende Anzahl Ferkel wirft und diese gut aufzieht. Ein Wechsel in der Zahl des Wurfes, sowie schlechte Aufzucht und Unarten, wie das Auffressen der Jungen, Unachtsamkeiten durch Totdrücken usw. sind Gründe, um das Schwein fernerhin von der Zucht auszuschließen.

Der Zuchteber wird meistens von den Gemeinden für den Schweinebestand durch einen Tierzuchtinspektor ausgewählt. Derartig gekörte Tiere werden schon mit Rücksicht auf die Verbesserung der Schweinezucht stets aus guten Zuchten entnommen, die eine reine Abstammung und auch die richtige Aufzucht gewährleisten. Wo der Eber im jugendlichen Alter gekauft wird und zur Selbstaufzucht bestimmt ist, wird man durch Weidegang und regelrechte Fütterung darauf abzielen, daß sich das Tier gut und kräftig entwickelt und seinem Alter entsprechend auch die nötige Größe und das erforderliche Gewicht aufweist. Daß alle Bedingungen, die hinsichtlich der Rasseeigenschaften gestellt werden, zu erfüllen sind, ist selbstverständlich. Eine vorzeitige Verwendung des Ebers, bevor derselbe gut ausgewachsen ist, sollte nach Möglichkeit vermieden werden. Eber der größeren Rassen sind mit 12 Monaten, die kleineren mit 10 Monaten sprungfähig, wenn nicht zu große Anforderungen gestellt werden. Die Zuchtfähigkeit hält 7-10 Jahre an, je nach der Verwendung und Haltung des Tieres. Da die Haltung des Ebers sich nur bei einer größeren Anzahl von Schweinen rentiert, so ist die Einzelhaltung in Kleinbetrieben vollständig ausgeschlossen und nur auf größeren Gütern, wo die Schweinezucht im großen betrieben wird, einträglich.

Die Paarung. Die Brunst oder das Rauschen des Schweines wird schon bei 4—5 Monate alten Tieren beobachtet. Diese frühzeitige Geschlechtsreife darf nicht ausgenützt werden, weil das Schwein noch nicht genügend entwickelt ist. Die Brunst wiederholt sich je nach der Fütterung alle drei Wochen und äußert sich durch lebhafte Unruhe, durch Grunzen, Schreien, Wühlen in der Streu, Rötung der Scham, verminderte Freßlust. Die Brunst dauert gewöhnlich 48 Stunden und verschwindet wieder. Tiere, welche ständig im Stalle gehalten werden, rauschen still, wobei die Brunsterscheinungen weniger auffällig sind. Ausgewachsene Tiere führt man am zweiten Tage der Brunst dem Eber zum Sprunge zu. Eine Wiederholung des Sprunges ist nicht notwendig, doch soll der Eber nicht bereits am gleichen Tage gesprungen sein, weil sonst eine schlechte Befruchtung und ein geringer Wurf sicher zu erwarten ist. Die beste Zeit zum Decken der Sau ist das Frühjahr, weil die Ferkel im Spätsommer abgesetzt werden und dann reichlich Futter vorhanden ist; ferner im Herbst, damit man Frühjahrsferkel hat. 6—8 Wochen nach dem Wurfe wird die Sau wieder brünstig und kann nochmals gedeckt werden.

Die Trächtigkeit dauert durchschnittlich 116 Tage mit Abweichungen von 6 Tagen nach unten oder oben. Man erkennt die Trächtigkeit an dem ruhigen Gebaren und der größeren Gefräßigkeit des Tieres. Mit der fortschreitenden Entwicklung nimmt der Leibesumfang zu, das Tier wird vorsichtiger in seinen Bewegungen, liegt viel, und einige Wochen vor der Geburt schwellen die Milchdrüsen an. Während der Trächtigkeit sorge man für ausreichende Bewegung in frischer Luft und lasse das Tier deshalb nicht ständig im Stall, sondern gewähre ihm bei gutem Wetter Weidegang. Auch bei der Fütterung und der Auswahl der Futtermittel ist darauf Rücksicht zu nehmen, daß eine Steigerung des Eiweißgehalts notwendig wird, die fettbildenden Stoffe aber eingeschränkt werden. Zu knappe Fütterung beeinträchtigt die kräftige Entwickelung der Jungen und schmälert die

Milchbildung, so daß nur schwächliche Ferkel erzielt werden. Als Futtermittel sind Wiesengras, Klee, Grünwicken, Gemüseabfälle, Rüben, Kartoffeln, Topinambur, möglichst gekocht und mit Abfallmehl und Weizenkleie vermischt, zweckmäßig. Zum Trinken gibt man Molke, Buttermilch, saure Milch, ferner zum Weichfutter kleine Mengen Bohnen, Gerste, Hafer, alles geschrotet oder gequellt und gekocht. Zu wässeriges Futter ist zu vermeiden, man füttere deshalb mehr festes und gebe nach Bedarf außer den vorgenannten Getränken auch frisches Wasser. Das gekochte Futter wird stets lauwarm gegeben, im Winter etwas wärmer.

Die Fütterung kann dreimal geschehen in bestimmten Zeitabständen, wobei hauptsächlich auch auf die gleichmäßige Futtermenge zu achten ist. Der Futtertrog ist vor jeder Fütterung gründlich zu reinigen, und es dürfen keine säuernden Futterreste darin verbleiben.

Der Stall soll warm sein (15° C), und es darf nicht an Streu gespart werden. Trockene Wände und reine Luft sind weitere Erfordernisse, besonders im Winter, wo bei ungünstiger Witterung der Aufenthalt im Freien ohnedies nur auf ganz kurze Zeit beschränkt werden kann. Bei dem Austriebe nach dem Hofe im Winter oder im Sommer in den Auslauf ist das Stoßen und Schlagen sowie schnelles Antreiben der Tiere zu vermeiden, ebenso enge Türen und Stallpfosten, welche das Anstoßen begünstigen. Hochträchtige Tiere könnten bei unvorsichtiger Behandlung sehr leicht zu Schaden kommen und dann verwerfen. Ein Wechsel des Stalles während der letzten Zeit der Trächtigkeit muß vermieden werden, weil die Tiere dann unruhig sind und sich schlecht eingewöhnen. Man richte deshalb den Stall so ein, daß das Tier auch darin werfen kann. Das Verwerfen wird außerdem begünstigt durch ungeeignete Fütterung, durch Stallwechsel, Futtermangel, verdorbenes Futter, salziges Küchenspülicht und rohe Behandlung des Tieres. Alles dieses ist deshalb zu vermeiden.

Die Geburt. Um unliebsamen Überraschungen vorzubeugen, ist es notwendig, die Deckzeit vorzumerken, damit man danach die Geburt berechnen kann. Denn vielfach werden die äußeren Anzeichen der Geburt beim Tiere bei nicht aufmerksamer Behandlung übersehen. Zur Geburt soll nur die Person anwesend sein, welche das Tier seither gefüttert und gepflegt hat, weil fremde Personen nur Beunruhigung veranlassen und dadurch die Geburt erschwert wird. Gewöhnlich spielt sich der ganze Vorgang ohne besondere Schwierigkeiten ab, sobald das erste Ferkel geboren ist. Da jedes Ferkel mit der Eihaut ausgestoßen wird, ist diese sofort abzulösen, ebenso ist das Abschneiden der Nabelschnur notwendig, die man vorher auf eine Länge von einigen Zentimetern mit einem dünnen Bindfaden abgebunden hat. Eihäute und Nachgeburt sind zu entfernen, damit die Zuchtsau sie nicht auffrißt und dadurch veranlaßt werden könnte, ein Ferkel anzufressen. Ein gutes Zuchttier wirft gewöhnlich im Durchschnitt 10 Junge; mehr oder weniger sind keine Seltenheit. Doch ist man über eine größere Anzahl nicht froh, weil ja meistens die vorhandenen Zitzen oder Saugwarzen nicht ausreichen, um alle Ferkel zu säugen. Die kräftigsten Ferkel werden ohnedies auch die Brustwarzen beanspruchen und den schwächeren die weiter unten stehenden überlassen. Um dies zu verhindern, ist es zweckmäßig, die kleineren anzulegen und den stärkeren die übrigbleibenden zu überweisen. Dadurch wird ein Ausgleich geschaffen, denn für die Dauer behält jedes Ferkel die einmal angenommene Saugwarze bei.

Die Aufzucht. Wo die Milchergiebigkeit zu wünschen übrig läßt, ist sie durch eine zweckmäßige Fütterung des Muttertieres zu steigern, andernfalls wird man gezwungen, die hungrigen Ferkel, die nicht genügend Milch durch Saugen erhalten, mit Ziegenmilch satt zu füttern. Das Tränken mit der Saugflasche ist aber außerordentlich umständlich, wenn es sich um eine größere Anzahl Ferkel handelt. Es bleibt aber wohl in den ersten Wochen nichts anderes übrig, wenn man die Tiere nicht zugrunde gehen lassen oder die schlechte Entwicklung vermeiden will.

Nicht immer geht die Geburt so glatt vor sich, wie sie der Züchter wünscht. Vielfach kommt es vor, daß besonders junge Zuchttiere, welche sich bei der Geburt selbst überlassen bleiben, die Ferkel durch Unachtsamkeit totdrücken, oder aber schon bei der Geburt einzelne auffressen. Auch das Totbeißen ist keine Seltenheit, wenn die Ferkel beim Saugen durch ihre spitzen Zähnchen die Saugwarzen verletzen. Das Auffressen des totgebissenen Ferkels ist dann meist die Folge, und der Fehler wird gewöhnlich auch für die Zukunft beibehalten. Derartige Tiere müssen von der Zucht ausgeschieden werden, weil sie stets unsicher sind und nur Ärger und Schaden verursachen. Deshalb ist es notwendig, daß beim ersten Wurf die Futterperson anwesend ist, um derartigen unliebsamen Vorgängen vorzubeugen.

Nach dem Werfen wird dem Zuchtschwein eine warme Mehl- oder Milchtränke verabreicht. Milchbildend ist vor allem süße Magermilch mit Malzmehl oder Malzschrot, Hafermehl, Gerstenschrot mit etwas Leinkuchen verdickt. Man gebe anfangs nur wenig und wiederhole besser nach kurzer Zeit eine weitere Gabe. Im übrigen bleibt die Fütterung dieselbe wie vor der Geburt, doch ist darauf Rücksicht zu nehmen, daß der Futterverbrauch infolge der Milchbildung bedeutend größer wird.

Der Futterbedarf des Mutterschweines richtet sich nach dem Lebendgewicht des Tieres. Als durchschnittliche Futtermenge sind für den Tag notwendig: 1. 7—8 kg Futterrüben, $1/4$ kg Maisschrot, $1/2$ kg Gerstenschrot, 1 kg Roggenkleie, 9 l Molke. 2. $4\frac{1}{2}$ kg Rotklee, $3/4$ kg getrocknete Rübenschnitzel, $1\frac{1}{2}$ kg Weizenkleie, $1/4$ kg Gerstenschrot, 8 l Molke; oder 3. 3 kg Kartoffeln, 1 kg Haferschrot, 1 kg Roggenkleie, 1 kg Futtermehl. 4. 4 kg Mohrrüben, $1\frac{1}{2}$ kg Maisschrot, 1 kg getrocknete Getreideschlempe, $1/2$ kg Leinkuchen. Bei diesen Futterzusammenstellungen lasse man es nicht an der nötigen Tränke und genügend Grünfutter fehlen. Ebenso ist reiche Abwechslung durch die verschiedenartige Zubereitung des Futters, das einmal roh, das andere Mal gekocht gegeben wird, sowie durch die verschiedenartige Zusammenstellung der Futtermittel leicht möglich und notwendig.

Bleiben die Ferkel im Stall, so ist es zweckmäßig, die Mittelwand am Boden zu heben, so daß die Ferkel in den nebenan liegenden Koben laufen können. Auch soll die Streu möglichst kurz sein, damit das Mutterschwein die Ferkel nicht aus den Augen verliert und beim Niederlegen keines totdrückt. Kann man den nebenan liegenden Koben den Ferkeln überlassen, so ist das zweckmäßig, denn sie benutzen diesen vorzugsweise zum Aufenthalt, wenn er reichlich mit Streu versehen und das Beifutter, z. B. Milch und die Tränke, dort verabreicht werden, so daß das Muttertier nicht davon den größten Teil wegfressen kann. Bei gutem Wetter ist sowohl dem Zuchtschwein wie auch den Ferkeln der Aufenthalt im Freien zu gewähren, wenigstens solange die Witterung warm und windstill ist. Mit der Zeit gewöhnen sich die Ferkel auch an das Futter des Mutterschweins. Man gebe deshalb schon von vornherein nur ganz einwandfreies Futter, damit nicht Durchfall oder Darmkatarrh bei den Jungtieren entsteht.

Die zweckmäßigste Zeit zur Aufzucht der Ferkel ist das Frühjahr, weil die Tiere da der wärmeren Jahreszeit entgegenwachsen und auch das Grünfutter leichter zu beschaffen ist. Die Zucht sollte deshalb so eingerichtet werden, daß die Ferkel im Frühjahr und im Sommer geworfen werden. Wer Ziegen nebenbei hält, hat ja um diese Zeit auch am ehesten Milch und wird diese mit gutem Erfolg bei der Aufzucht verwenden können. Bei den Herbst- und Winterwürfen sind vor allem wärmere Stallungen erforderlich. Auch ist zu bedenken, daß die in der ungünstigen Jahreszeit fallenden Ferkel nicht so wüchsig sind, d. h. nicht so gut gedeihen oder doch nur dann, wenn sie eine sehr sorgfältige Pflege und Wartung haben. Die Aufzucht der Ferkel durch das Mutterschwein erstreckt sich auf die Saugzeit von wenigstens 6 Wochen. Wo die Verwendung der Ferkel zu Zuchttieren beabsichtigt ist, läßt man sie 10—12 Wochen saugen und sorgt auch durch genügende Fütterung von Magermilch, Fleischmehl, Mehlsuppen usw. dafür, daß die Ferkel ausreichend eiweißhaltige Nahrung haben. Die größte Sauberkeit ist bei der Fütterung notwendig, denn verdorbenes oder sauergewordenes Futter kann den Tieren außerordentlich nachteilig werden.

Das Entwöhnen der Ferkel ist bei regelmäßiger Fütterung von nahrhaften Futtermitteln leicht möglich, denn die Tiere gewöhnen sich damit selbst ab und nehmen später ausschließlich das Futter des Mutterschweines als Hauptfutter, müssen dann aber reichliche Mengen erhalten. Es wird dabei nicht notwendig, das Mutterschwein knapper zu füttern, denn die Milchbildung geht wieder zurück und hört zuletzt ganz auf, sobald die Brunst eintritt. Die Hauptsache bleibt bei den Jungtieren, sie vom dritten Monat ab mit möglichst reichlichen Mengen gutem Grünfutter neben dem üblichen Kraftfutter zu füttern, um ein schnelles Wachstum zu veranlassen. Reichliche Bewegung im Auslauf und, wo die Gelegenheit sich bietet, auch Weidegang, tragen dazu bei, daß die Jungtiere gut wachsen und gesund bleiben. Vor allem darf es nicht an Beigaben von phosphorsaurem Kalk zum Futter oder kleinen Mengen Fleisch- oder Fischmehl fehlen, weil diese die zur Knochenbildung nötigen Bestandteile und das meistens im Futter mangelnde Eiweiß enthalten. Es kommt schließlich darauf an, ob die Jungtiere als Zuchttiere oder zur Schlachtung aufgezogen werden sollen. Die Fütterung ist dementsprechend einzurichten, denn es kann schon bei den Jungtieren durch eine reichliche Beigabe eiweißhaltiger Futtermittel auf die Raschwüchsigkeit und Fleischmast eingewirkt werden.

Einige Krankheiten des Schweines. Das Schwein ist für seinen Besitzer eine Kapitalanlage, die sich gut verzinsen soll. Deshalb sollte jeder Schweinehalter, wenn ein Schwein erkrankt, den Tierarzt zu

Rate ziehen und nicht erst selbst kurieren wollen, denn es steht zu viel auf dem Spiele. Die Beschreibungen nachfolgend genannter Krankheiten sollen nur Ursache, Erkennung und die Verhütung erleichtern, nicht aber zur Selbsthilfe veranlassen, wenn tierärztliche Hilfe erforderlich ist.

Hautausschläge. Kennzeichen: grauschuppige, krustige Haut. Ursache: mangelnde Hautpflege, schlechtes Futter, unreinlicher, feuchter Stall. Behandlung: öfteres Baden und Abseifen, Karlsbader Salz ins Futter, Beseitigung der Ursachen.

Pechräude bei Ferkeln. Kennzeichen: Bläschen auf der Haut, pechartiger Schorf. Ursache: schlechtes Futter des Mutterschweines, mangelnde Hautpflege der Ferkel, schlechte Ernährung. Behandlung: Beseitigung der Ursachen, Waschen der Ferkel, Baden in Kleienwasser.

Räude. Kennzeichen: Schuppen, Borken an den Ohren, am Hals, Rücken, an der Innenseite der Schenkel. Ursache: Grabmilbe. Behandlung: Abweichen der Borken mit Schmierseife, wiederholtes Baden in warmem Wasser mit Kreolinzusatz (50 g auf 1 l).

Halsbräune. Kennzeichen: Husten, heiseres Grunzen, erschwertes Atmen und Schlingen, Fieber, Erstickungsanfälle. Ursache: Erkältung. Behandlung: knappe Fütterung, Sauermilch, Buttermilch, Kleientrank, Glaubersalzgaben, trockner Stall, Abreiben des Halses mit warmem Öl, Einhüllen des Halses mit einem Wolltuch.

Magen- und Darmkatarrh. Kennzeichen: schlechte Freßlust, heißer Rüssel, Fieber, Brechreiz, Schwäche. Ursache: Verdorbenes Futter, Überfressen, Erkältung. Behandlung: Kleientränke mit Glaubersalz.

Durchfall. Kennzeichen: dünnflüssiger Kot. Ursache: verdorbenes Futter, Erkältung. Behandlung: Fütterung von gemahlenen Eicheln, Kastanien, geröstetem Gerstenschrot, kleine Gaben Tannalbin.

Spulwürmer. Kennzeichen: Abmagern der Jungschweine, Abgang von Würmern. Behandlung: Gegenmittel unreifes Obst, Sauerkraut, Gurken, Rettich.

Borstenfäule. Kennzeichen: Ausfallender Borsten, der Zähne, Flecken auf der Haut und später Geschwüre, Hinfälligkeit, Abmagerung. Ursache: schlechtes Futter, unzweckmäßiger Stall. Behandlung: Beseitigung der Ursachen, Weidegang, Abwechslung im Futter.

Knochenweiche wie bei Ziegen.

Nesselsucht. Kennzeichen: blatternartige, verdickte, rote Flecken auf Rücken, Brust, Bauch, Schenkel, Fieber, Mattigkeit. Nicht zu verwechseln mit Rotlauf! Ursache: wahrscheinlich Pilze. Behandlung: Abführmittel, saure Milch, Grünfutter. Anzeigepflichtig!

Finnenkrankheit. Kennzeichen: erbsengroße Bläschen im Fleisch, im Herzen, unter der Zunge, in den Augenlidern. Ursache: Aufnahme von Bandwurmeiern, Entwicklung zum Blasenwurm im Körper des Schweines. Behandlung: zwecklos. Krankheit nur am geschlachteten Tiere erkenntlich. Fleischbeschau entscheidet über Verwendungsfähigkeit. Gewährsfehler im Deutschen Reich mit 14 Tagen Frist.

Trichinenkrankheit. Kennzeichen: für den Laien am lebenden Tier nicht zu ersehen. Ursache: Auffressen von Ratten und Mäusen, welche mit Trichinen behaftet sind. Einwanderung in die Muskeln durch den Darm. Übertragung der gefährlichen Trichinenkrankheit durch den Genuß rohen Fleisches auf den Menschen. Behandlung: zwecklos. Fleischbeschau. Rattenvertilgung. Vermeidung von rohem Fleisch. Die Krankheit ist Gewährsfehler mit 14tägiger Frist!

Rotlauf. Kennzeichen: rote und dunkelrote Flecken (nicht verdickt, nicht scharfbegrenzt wie bei der Nesselsucht) am Hals, Bauch, auf der Innenseite der Schenkel, Mattigkeit, Verstopfung, Durchfall, Tod. Ursache: Ansteckung mit dem Löfflerschen Spaltpilz durch das Futter und Getränk. Behandlung: zur Vorbeuge impfen mit Rotlaufserum durch Tierarzt. Gewährsfehler mit 3tägiger Frist! Anzeigepflicht!

Schweineseuche. Kennzeichen: Hinfälligkeit, Fieber, Mangel an Freßlust, Husten, Atemnot. Ursache: ein Spaltpilz. Behandlung: meist zwecklos und nur durch Tierarzt. Gewährsfehler mit 10 Tagen Frist. Anzeigepflichtig, leicht übertragbar.

Schweinepest. Kennzeichen: wie bei der Seuche, blutiger, stinkender Durchfall, rasche Abmagerung, Geschwürbildung im Maule, Krämpfe, Tod. Behandlung: durch Tierarzt. Gewährsfehler mit 10 Tagen Frist. Ansteckung leicht möglich, da ein Spaltpilz die Ursache ist.

Bei diesen Schweinekrankheiten ist durch Auskalken, Waschen mit heißer Sodalösung strenge Desinfektion des Stalles, der Futtergefäße, des Fütterers nötig. Fremde Personen sind vom Stalle fernzuhalten, um Ansteckung und Weiterverbreitung zu verhüten.

5. Das Kaninchen.

Die Kaninchenzucht kann als Sport-, Rasse- und Nutzzucht betrieben werden. Je nach der Zuchtrichtung ist auch die Wahl der Rasse zu treffen. Der Sportzüchter wird sich hauptsächlich auf die Zucht von Ausstellungstieren verlegen, die ihm Preise einbringen und die er auch, je nach ihrer Vollkommenheit und Bewertung, für gutes Geld verkaufen kann. Der Rassezüchter beabsichtigt die gleichen Zuchterfolge zu erreichen, um hauptsächlich Zuchttiere zu ziehen, die er sowohl an den Sport- wie auch an den Nutzzüchter absetzt oder als Schlachttiere verwendet. Der Nutzzüchter dagegen wird sich ausschließlich auf die Schlachtkaninchenzucht beschränken, um die Tiere für die Fleisch- und Fellgewinnung zu züchten. In allen drei Fällen ist aber die Rassezucht maßgebend für die Zuchtrichtung, denn sie bietet alle Vorteile, welche der Züchter anstrebt. Bei der großen Zahl von Rassen ist es für den Sport- und Rassezüchter wohl das beste, wenn er sich einer Vereinigung anschließt, welche die Rasse ausschließlich züchtet, um hinsichtlich der Beurteilung wie auch der höchstmöglichen Vollkommenheit der Rasse zu einer bestimmten Zuchtrichtung zu gelangen. Die Musterbeschreibungen sind für manche Rassen nicht überall gleich, so daß auf Ausstellungen die Bewertung unter Umständen verschieden sein kann. Für den Nutzzüchter kommen diese Schwierigkeiten nicht in Frage. Er hält sich ausschließlich eine Rasse, die er für seine Zwecke als besonders geeignet gefunden hat, und sucht diese nach Möglichkeit durch hohes Körpergewicht und gutes Fell sich nutzbar zu machen. Die Zucht auf Kreuzungen, d. h. durch Verpaarung verschiedener Rassen, ist wohl auch für Nutzzwecke unter Umständen geeignet, die Leistungsfähigkeit zu erhöhen, jedenfalls aber nicht notwendig. Die Weiterzucht mit Kreuzungstieren sollte nach Möglichkeit unterbleiben, weil wir genügend Rassen besitzen, so daß allen Anforderungen Genüge geleistet werden kann.

Die Rassen. In der Hauptsache unterscheiden wir **schwere** Rassen mit einem Durchschnittsgewicht von 5 kg, **mittelschwere** mit 3—4 kg und **leichte** Rassen mit 2—3 kg Lebendgewicht. Dem Aussehen nach sind die verschiedenen Rassen in ein- und mehrfarbige zu unterscheiden. Die einfarbigen Rassen sind bevorzugt zur **Fellgewinnung**, doch schließt das bei der heutigen Fertigkeit der Fellbearbeitung und -färbung nicht aus, daß auch Rassen mit mehrfarbigen Fellen für den gleichen Zweck von großem Wert sein können. Die Fellverwertung fordert heute, daß die Felle möglichst groß und dicht behaart sind, damit eine vielfältige Verarbeitung möglich ist. Deshalb kommt es gar nicht darauf an, ob das Fell des Tieres bunt oder einfarbig ist. Wer für den eignen Bedarf Nutzzucht treibt, wird zur **Fleischerzeugung** die mittelschweren Rassen den schweren vorziehen, weil sie schneller ausgewachsen, vielfach auch genügsamer und mit geringeren Mengen Futter aufzuziehen sind. Die schweren Rassen brauchen große Futtermengen, meistens auch noch Kraftfutter, und erfordern eine längere Fütterungsdauer wie die mittelschweren. Die kleinen Rassen sind dagegen hauptsächlich Sportkaninchen, die mehr auf Form und Farbe oder Zeichnung gezüchtet werden.

Zu den schweren Rassen gehören: das belgische oder flandrische Kaninchen, das weiße Riesenkaninchen, das belgische Landkaninchen, die deutsche Riesenschecke, das französische Widderkaninchen (Tafel III Abb. 11—16).

Zu den mittelschweren Rassen gehören: das weiße sowie das

blaue Wiener Kaninchen, das Meißner Widderkaninchen, das Japanerkaninchen, die rheinische Schecke, das belgische Hasenkaninchen, das Grausilber-, das französische und das deutsche Riesensilberkaninchen, das Chinchilla-, das Angora-, Thüringer und Lothringer Kaninchen. Neuerdings wird auch das Alaska- und Havannakaninchen auf größeres Körpergewicht gezüchtet.

Zu den kleinen Rassen zählen: das englische Scheckenkaninchen, das Holländer, das Schwarzloh- oder Black and tan, die Silberkaninchen in blau, gelb und braun, das Russenkaninchen, das polnische oder hermelin-, das Marburger Feh-, das Alaska- und havannakaninchen.

Die mittelschweren Rassen werden mit wenigen Ausnahmen leider vielfach bei der Sportzucht ohne Rücksicht auf das Körpergewicht gezüchtet und verlieren dadurch bedeutend an Nutzwert. Das gewöhnliche deutsche Kaninchen kann nicht als Rassetier gelten, ebenso, streng genommen, auch nicht das Lothringer, das ein Kreuzungstier aus verschiedenen schweren Rassen ist.

Als Felltiere, die naturfarbige Felle liefern, welche das Umfärben bei der Verarbeitung nicht unbedingt erfordern, sind zu nennen: in Silberfarbig: der Meißener Widder, das Fehkaninchen, das Chinchilla, das französische, deutsche und die verschiedenen Silberkaninchen. In Weiß: das Russen-, hermelin-, Angora-, weiße Wiener und weiße Riesenkaninchen; es gibt auch weiße Widder; dann in Blau: das blaue Wiener, Blausilber- und Blaulohkaninchen; in Schwarz: das Alaska- und Schwarzlohkaninchen; in Hasenfarbig: das belgische und Hasenkaninchen; in verschiedenfarbigen Schattierungen die übrigen Rassen. Die Wahl einer Rasse hängt demnach hauptsächlich von dem Zweck, den der Züchter verfolgen will, ab. Einen bestimmten Vorschlag zu machen für die beste Kaninchenrasse ist nicht gut möglich, weil der persönliche Geschmack einen großen Einfluß bei der Wahl hat. Auf jeden Fall ist es für den Nutzzüchter von Bedeutung, wenn er sich ausschließlich mit der Rassezucht beschäftigt und nicht Kreuzungstiere hält, denn alle Rassen, die hinsichtlich ihrer Eigenschaften beständig geworden sind, entstanden ja aus Kreuzungen, und es hätte keinen Zweck, durch Versuche erst wieder den langen Weg einzuschlagen, den erfahrene Züchter bei der Herauszüchtung eines bestimmten Typus gegangen sind.

Für den Anfänger ist es zur Einrichtung seiner Zucht vorteilhaft, wenn er eine trächtige häsin kauft, die in 8—14 Tagen wirft. Er

52 5. Das Kaninchen

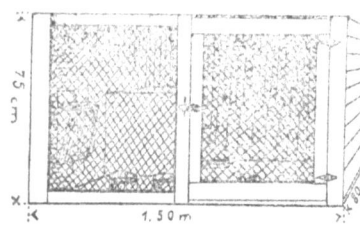

Abb. 17. Einzelstall mit Futterraufe u. Nistkasten.

hat dann den Vorteil, in kurzer Zeit Jungtiere zu erhalten, die ihm auch bald nutzbar werden können. Der Ankauf eines Zuchtpaares ist jedenfalls nicht anzuraten, weil das Mitfüttern eines unnützen Fressers für den Nutzzüchter zu kostspielig wird und er für billiges Geld jederzeit seine Zuchthäsinnen bei einem anderen Züchter der gleichen Rasse decken lassen kann.

Der Stall. Eine richtige Kaninchenhaltung bedingt zweckmäßig eingerichtete Ställe, die zugfrei, gegen Wind und Wetter geschützt, trocken, gut gelüftet, hell und geräumig, dabei sicher gegen Raubzeug sind. Der freie Auslauf der Zuchttiere in Pferde- oder Kuhställen ist ganz entschieden zu widerraten, weil unter solchen Umständen von einer sachgemäßen Zucht, Pflege und Haltung keine Rede sein kann. Damit soll nicht gesagt sein, daß das Kaninchen überhaupt keinen Auslauf benötigt. Im Gegenteil, wer über ein genügend großes Stück Land verfügt, dem kann die Anlage von Ausläufen nur angeraten werden. Freilich müssen die Ausläufe so eingerichtet sein, daß die Tiere nach Geschlechtern getrennt bleiben; denn es muß jede unbeabsichtigte Paarung vermieden werden. Anderseits sind die Rammler stets einzeln zu halten, weil sie in ständiger Feindschaft miteinander leben und schlimme Beißereien entstehen, sobald sie zu-

Abb. 18. Reihenstall, Vorderansicht.

Der Stall

sammen kommen. Auch bei ausgewachsenen Häsinnen sind gegenseitige Kämpfe keine Seltenheit. Aus diesen Gründen ist die Einzelhaltung in getrennten Ställen notwendig.

Die Größe des Stalles richtet sich nach der Kaninchenrasse, dann nach dem vorhandenen Raum und nicht zuletzt nach den verfügbaren Mitteln. Wer einige Zuchtpaare oder verschiedene Rassen hält, wird die Ställe in zwei oder drei Stockwerken übereinander aufstellen oder gleich eine solche Anlage bauen. Der Anfänger beschränkt sich meistens auf Einzelställe. Der Einzelstall hat den Vorzug, daß er nach Bedarf leicht versetzt und beliebig aufgestellt werden kann. Beim Abteilstall ist der Transport schon umständlicher. Es wird selbstverständlich vorausgesetzt, daß die Ställe aus Holz angefertigt werden. Sollen die Kosten nach Möglichkeit verringert werden, so genügen große Kisten, die $3/4 - 1$ qm Bodenfläche haben und dementsprechend tief und hoch sind. Sie sind mitunter leicht zu beschaffen und lassen sich durch Anbringen eines Rahmens mit beweglicher Türe an der Deckelseite in einen Kaninchenstall umwandeln (Abb. 17).

Wer mit Säge und Hammer umgehen kann, wird einen Einzelstall nach einem bestimmten Maß selbst anfertigen. Die Größenverhältnisse sind für kleine Rassen $3/4$ qm, für große Rassen $1 - 1 1/2$ qm Bodenfläche. Man gebe lieber etwas mehr Raum als zu wenig, denn eine gewisse Bewegungsfreiheit müssen die Tiere haben, soll die Haltung nicht zur Quälerei ausarten. Die Höhe und Länge des Stalles soll $3/4 - 1$ m messen. Die Vorderseite des Stalles wird mit Drahtgeflecht abgeschlossen, das auf einen Rahmen gespannt ist. Durch Bänder kann dieser an der einen Wandseite befestigt werden, damit er sich als Tür leicht öffnen läßt. Bei großen Ställen wird die Hälfte oder ein Drittel der Vorderseite durch eine Bretterwand verdeckt. Die übrigbleibende Öffnung schließt dann der Drahtgeflechtrahmen ab. Der Boden des Stalles soll nach hinten etwas Gefäll haben, damit der Urin ablaufen kann. Um ihn wasserdicht zu machen, ist ein Anstrich mit Teer anzuraten. Durch Bestreuen mit Ze-

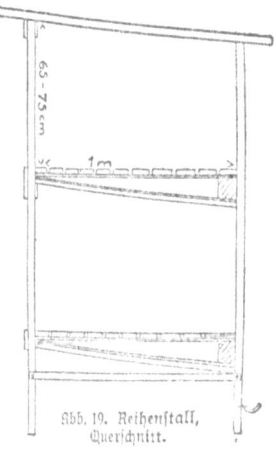

Abb. 19. Reihenstall, Querschnitt.

ment und wiederholten Anstrich wird ein undurchlässiger fester Überzug erreicht. Die Einlage eines ausziehbaren Lattenrostes ist anzuraten, damit das Tier trocken sitzt und der Stall leicht gereinigt werden kann (Abb. 19). An der Rückwand muß eine schmale Spalte offen bleiben oder es müssen genügend Abzugslöcher für den Urin vorhanden sein. Auf der Rückseite soll eine Rinne angebracht werden, welche die ablaufende Jauche sammelt und in ein untergestelltes Faß leitet. Das Innere des Stalles wird mit frischgelöschtem Kalk, der mit Leimwasser oder Magermilch angerührt wird, ausgetüncht. Auch weiße Kaseinfarbe ist gut geeignet. Sie blättert und staubt nicht so leicht ab, wie der einfache Kalkanstrich. An der Innenwand wird eine kleine Raufe für Grünfutter und Heu befestigt. Das Weich- uud Körnerfutter soll in Tonnäpfen verabreicht werden (Abb. 20 u. 21).

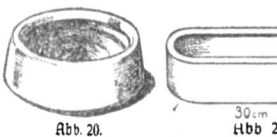

Abb. 20.
Rundnapf aus Ton.

Abb 21.
Langtrog für Jungtiere.

In den Ställen für Zuchthäsinnen wird eine kleine Abteilung von 30—40 cm Breite eingerichtet, die von dem Tiere als Nestraum benutzt wird. Dann muß man aber auch von der Vorderseite aus durch eine kleine Tür Einsicht nehmen können, damit tote Junge eines Wurfes sofort beseitigt werden. Die Häsin hat in der Seitenwand ein Schlupfloch als Zugang für den Nestraum. Die Decke des Stalles wird mit gut geteerter Dachpappe oder mit Ruberoid verkleidet. Auch für die Außenwände ist dieser Schutz anzuraten, wenn nicht gutgefügte Bretter verwendet wurden. Die Aufstellung der Einzelställe muß in einem Schuppen oder in einer Hütte, wenigstens aber unter einem Schutzdach geschehen, derart, daß die Ställe 40 cm vom Boden entfernt auf Pfählen ruhen und die Vorderseite dem Lichte zugekehrt ist. Die ungeschützte Aufstellung im Freien ist zu widerraten. Wenn das Kaninchen auch gegen Kälte nicht empfindlich ist, so sind doch Wind und Zugluft, im Sommer aber die Sonne und Hitze sehr nachteilig. Deshalb ist es notwendig, die Einzelställe geschützt in einem offenen Schuppen aufzustellen. Die Vorderseite kann im Winter durch Strohdecken oder Sackleinen verhängt werden, um Schnee und Wind abzuhalten. Eine derartige Einrichtung hat den Vorteil, daß bei gutem Wetter Licht und Luft ungehindert den Tieren zugute kommen, im Sommer aber die große Hitze leicht abzuhalten ist. Die zweckmäßige Einrichtung und Aufstellung des Stalles ist eine Hauptsache bei der Zucht, und von ihm hängt zum großen Teile der gute Erfolg mit ab.

In größeren Zuchtanlagen werden die Einzelställe zusammen gebaut in Reihenställe, indem man eine Anzahl Abteile neben- und übereinander setzt und sie einheitlich einrichtet (Abb. 18). Der besseren Bedienung wegen ist anzuraten, nur zweistöckige Ställe zu bauen und lieber 60—75 cm weit vom Boden zu bleiben, so daß die Stallanlage unten freisteht. Es können sich dann nicht Ratten, Mäuse u. dgl. einnisten, und man hat Gelegenheit, Streukörbe, Futtereimer und Geräte zum Reinigen unter die Ställe zu stellen.

Futter und Fütterung. Das Kaninchen erhält die gleichen Futtermittel wie das Schaf und die Ziege. Die Grünfütterung geschieht mit Gras, Klee, Laub, den verschiedenen Gemüseabfällen aus dem Garten und Haushalte, den Schälabfällen von Kartoffeln, ferner Runkeln und Rüben. An Trockenfutter, welches das ganze Jahr über neben Grünfutter verabreicht werden kann, ist gutes Wiesenheu, Kleeheu und Laubheu nötig. Eine möglichst reiche Abwechslung im Futter ist bedingt, damit die Fütterung nicht einförmig wird. Im Frühjahr darf der Übergang zur Grünfütterung nicht plötzlich geschehen. Es muß täglich erst gutes Heu und dann, anfangs in kleinen Mengen, das Grünfutter verabreicht werden. Es soll möglichst frisch und nicht naß sein. Die reichliche Verfütterung von Salat ist den Tieren nachteilig. Im Winter füttert man Wiesen- und Kleeheu in Abwechslung neben Runkeln, Zuckerrüben, Kohlrüben, Topinamburknollen u. dgl. Rüben und alle Wurzelgewächse sind roh vorzulegen. Kartoffelschalen füttert man besser gedämpft mit Kleie untermengt, ebenso alle Gemüseabfälle, die gesammelt werden oder im eignen Haushalt entstehen. Auch beim Kaninchen sind bestimmte Futterzeiten einzuhalten. Man füttert morgens, mittags und abends. Im Sommer wird am zeitigen Morgen zuerst Heu, dann Grünfutter gegeben; später, wenn es in reichen Mengen vorhanden ist, und an heißen Tagen kann das Heu wegbleiben. Mittags folgen Gemüseabfälle. Das Abendfutter besteht aus einer reichlichen Gabe Grünfutter, z. B. beblätterten Trieben von Topinambur, Sonnenrosen, Helianthi, Bohnen- und Erbsenkraut u. dgl. Auch frischer Klee kann im Juli verfüttert werden sowie alle Kleearten. Nur der junge Klee ist ungeeignet, weil er sehr leicht zum Überfressen und zur Blähsucht der Tiere führt.

Zum Weichfutter verwendet man Näpfe aus Gußeisen, Ton oder

Zement (Abb. 20 u. 21), für das Heu und Grünfutter Raufen, welche an die Stallwand gehängt oder frei aufgestellt werden. Eine bestimmte Menge Futter für jede Mahlzeit anzugeben ist nicht gut möglich, da die Tiere sehr unterschiedlich im Futterverbrauch sind. Es ist zweckmäßig, wenn die Tiere eine entsprechende Menge Futter erhalten, und, falls diese aufgefressen ist, noch ein zweites Mal nachgefüttert wird. Besonders am Abend ist eine sehr reichliche Fütterung notwendig, damit die Tiere während der Nacht genügend zu fressen haben.

Das Tränken mit Wasser ist nur bei ausschließlicher Trockenfütterung (Heu, Laubheu, Baumzweigen u. dgl.) nötig. Milch nehmen die Kaninchen jederzeit gern. Sie ist besonders säugenden Häsinnen und Jungtieren sowie Masttieren zuträglich.

Bei der ausschließlichen Stallhaltung gedeihen die Kaninchen nicht so gut, als wenn sie Bewegungsfreiheit haben. Deshalb ist es vorteilhaft, wenn den Tieren ein Auslauf geboten wird, der aus einem abgegrenzten Stück Rasen oder Land besteht, wo die Kaninchen durch Graben und Wühlen keinen Schaden anrichten können. Die Tiere ausschließlich auf diese Weise zu erhalten oder ihnen dadurch die Selbsternährung zu gewähren, ist aber ausgeschlossen.

Die Haltung und Pflege. Eine geregelte Zucht bedingt die Einzelhaltung des Kaninchens. Die Zuchthäsin muß einen gesonderten Stall haben, ebenso der Rammler. Mehrere Häsinnen oder den Rammler in einem großen Stall mit den Häsinnen zusammenzusperren, ist unmöglich, weil dann von einer geregelten Zucht keine Rede mehr sein kann. Jungtiere dürfen bis zum Alter von drei Monaten zusammengehalten werden, sind dann aber ebenfalls nach Geschlechtern zu trennen. Die Erkennung des Geschlechts ist an den Geschlechtsteilen möglich. (Siehe Seite 61.) Vielfach wird es sogar notwendig, auch die jungen Rammler getrennt zu halten, weil sie sich gegenseitig belästigen, beißen und ständig miteinander raufen. Fehlen genügend Ställe und es ist die Aufzucht der Rammler zu Zuchtzwecken nicht beabsichtigt, so ist das Kastrieren derselben anzuraten. Sie können dann zusammengesperrt werden, ohne daß irgendwelche Mißlichkeiten daraus entstehen.

Zur sorgfältigen Pflege der Tiere gehört vor allem die Reinhaltung des Stalles. Er muß im Sommer regelmäßig wenigstens einmal in der Woche gründlich gesäubert und mit frischer Streu belegt werden. Dazu verwendet man Stroh, Torfstreu oder Torfmull; weniger geeignet sind Sägespäne. Hauptsächlich ist auf genügenden

Abzug des Urins zu achten. Die Ablaufrinnen dürfen deshalb nicht verstopft sein. Im Winter kann das Ausmisten aller vier Wochen geschehen. Im Frühjahr und Herbst ist außerdem das Auskalken der Ställe mit frisch gelöschtem Kalk, der mit Wasser angerührt wird, anzuraten, ebenso ein Anstrich des Bodens mit Steinkohlen= oder Asphaltteer.

Die im Freien aufgestellten Ställe müssen nicht nur im Winter gegen Zugluft und Wind, sondern auch im Sommer vor der direkten Bestrahlung durch die Sonne geschützt sein, weil zu heiße Ställe für die Tiere von Nachteil sind. Es ist deshalb für genügende Beschattung der Ställe zu sorgen, wenigstens während der heißen Tageszeit. Die Früh= und Abendsonne ist den Tieren auch im Sommer zuträglich, im Winter wird man ihr ja ohne weiteres Zugang zu den Ställen gewähren.

Zur Pflege der Haare trägt das regelmäßige Kämmen der langhaarigen Tiere oder das Durchbürsten während des Haarwechsels im Frühjahr und Herbst bei. Besonders bei den Angorakaninchen ist das regelmäßige Auskämmen der Haare unerläßlich, um die ausgehenden Haare zu sammeln und dem Verfilzen der langen Haare vorzubeugen. Die Haare werden, wenn eine genügende Menge beisammen ist, verkauft oder selbst versponnen. Bei den älteren Tieren ist das Beschneiden der Krallen an den Zehen notwendig, weil sie diese nicht genügend abnutzen können. Die Russenkaninchen müssen sauber und trocken sitzen, weil die schwarzen Läufe sich leicht durch den Urin verfärben und die Tiere dann für die Ausstellung wertlos werden. Die Ohren des Kaninchens sind zeitweilig nachzusehen, um der Ohrenräude, welche durch eine Grabmilbe verursacht wird, rechtzeitig vorbeugen zu können. Schmutzansammlungen im Ohr werden mit dem stumpfen Ende einer Haarnadel oder mit einem Wattebäuschchen entfernt. Die Zähne wachsen beim Kaninchen sehr lang, wenn dem Nagebedürfnis nicht entsprochen wird. Man gibt deshalb berindete Zweige und Äste von Obst= und Laubbäumen, Kohlstrünke und ganze oder halbierte Rüben, damit die Tiere auch ihre Zähne richtig gebrauchen können. Andernfalls zernagen sie sehr oft im Stalle vorhandene Holzteile, z. B. die Rahmen der Türen und die Nistkästen.

Das Anfassen und Aufheben der Tiere darf nie bei den Ohren geschehen. Das ist eine sinnlose Tierquälerei, welche das Ausreißen der Ohren herbeiführen kann. Man faßt das Tier im Genick an der losen Haut und unterstützt den Körper auf der Bauchseite mit der

Hand oder dem Arm, so daß schwere Tiere richtig auf dem Arme liegen. Die an den Ohren angefaßten Tiere schlagen mit den Hinterbeinen, um sich zu befreien. Das Anfassen bei den Ohren ist besonders bei Jungtieren sehr nachteilig, weil durch die Dehnung eine Verunstaltung oder Hängeohren verursacht werden können.

Auswahl der Zuchttiere und Paarung. Die großen Rassen sind erst mit dem 12. bis 16. Monat vollständig ausgewachsen, die mittelschweren und kleinen schon mit 10—12 Monaten, eine sorgfältige Pflege und Fütterung vorausgesetzt. Man verwendet aber zur Zucht die mittelschweren und kleinen Rassen schon im Alter von 7 Monaten, die schweren mit 8 Monaten, weil sie sehr leicht durch ein höheres Alter bei guter Fütterung die Zuchtfähigkeit einbüßen oder diese vermindert wird. Geschlechtlich reif ist das Kaninchen schon im dritten Monat, deshalb müssen Jungtiere beizeiten nach den Geschlechtern getrennt werden.

Bei der Auswahl der Zuchttiere ist darauf zu achten, daß sie gesund, glatthaarig, schön, kräftig entwickelt und lebhaft sind, daß sie auch von gesunden Tieren abstammen und keinerlei grobe Fehler besitzen, welche ihren Wert als Zuchttiere beeinträchtigen können. Der Rasse- und Sportzüchter hat hauptsächlich auf die besonderen Rassemerkmale zu achten, welche die Musterbeschreibung fordert. Ganz fehlerfreie Tiere wird man selten finden. Bei der Zusammenstellung der Zuchttiere ist deshalb darauf zu achten, daß der gleiche Fehler nicht bei beiden Tieren vorhanden ist, weil er sich sonst im verstärkten Maße in der Nachzucht wiederfinden wird. Zur Zucht verwendet man nur blutsfremde Tiere, d. h. solche, die nicht durch Abstammung miteinander nahe verwandt sind. Nur der erfahrene Züchter kann unter Umständen Inzucht betreiben, d. h. verwandte Tiere zur Verbesserung oder zum Ausgleich seiner Zucht verpaaren. Jedenfalls ist aber zur Verwandtschaftszucht im allgemeinen nicht zu raten, es sein denn, daß man genau die Zuchtbedingungen kennt und erfüllt, so daß im voraus Vererbungsfehler nach Möglichkeit ausgeschlossen werden. Zuchttiere werden 3 bis 6 Jahre verwendet, bei einer durchschnittlichen Leistung von 3 bis 4 Würfen im Jahre. Mehr von den Tieren zu fordern, würde eine Verschlechterung der Leistungsfähigkeit und des Nutzwertes herbeiführen.

Zum Decken setzt man die Häsin in den Stall des Rammlers, nicht umgekehrt, weil sonst der Rammler in dem fremden Stalle unruhig wird und die Streu durcheinander wühlt, ohne sich um die Häsin zu kümmern. Ist die Häsin hitzig, so läßt sie sich ohne weiteres decken; sie wird dann wieder in ihren Stall zurückgesetzt. Tiere, welche sich nicht deckwillig zeigen, kann man durch Verabreichung von Nohimvetol, das in den Apotheken erhältlich ist, zum Hitzigwerden zwingen. Es kommt öfters vor, daß Häsinnen infolge guter Fütterung sich widerspenstig gegen das Decken zeigen und auch wiederholte Versuche nutzlos bleiben. Deshalb ist die Anwendung des genannten Mittels unter Umständen gut angebracht. Widerwillig gedeckte Häsinnen bringen meistens nur kleine Würfe und vernachlässigen sie auch nicht selten. Bei den Zuchttieren ist deshalb darauf zu achten, daß sie möglichst nicht zu fett gefüttert werden, aber von guter Verfassung sind. Um sich davon zu überzeugen, ob die Häsin trächtig ist, wird sie nach 8—14 Tagen nochmals in den Stall des Rammlers gesetzt. Beißt sie den Rammler ab, so kann man bestimmt annehmen, daß sie trächtig ist.

Die Häsin trägt 30—32 Tage; Abweichungen nach unten oder oben sind keine Seltenheit. Während der Trächtigkeit ist das Tier sorgfältig zu pflegen, vor unnötigen Störungen zu bewahren und gut zu füttern. Den Tag des Deckens muß man sich aufschreiben, um rechtzeitig für die Säuberung des Stalles und genügende Einstreu zu sorgen. Diese Zurichtung darf nicht bis auf den letzten Tag verschoben werden, denn die Häsin trägt schon einige Tage vorher ein Nest aus der vorhandenen Streu, dem Stroh und weichem Heu zusammen, rauft sich auch einen Teil der Bauchhaare aus, um das Nest damit auszulegen. Versäumt die Häsin die Anlage eines Nestes, so muß der Züchter wohl selbst eingreifen und dabei behilflich sein. Es ist dann aber auch notwendig, daß er bei dem Wurf zugegen ist, um nötigenfalls dem Verschleppen oder dem Auffressen der Jungen vorzubeugen.

Die Geburt. Gewöhnlich ist dabei ein Eingriff seitens des Züchters nicht erforderlich. Häsinnen, welche das erste Mal werfen oder in unruhiger Nachbarschaft untergebracht sind, setzen vielfach ihre Jungen an ungeeigneter Stelle außerhalb des Nestes ab, und deshalb ist Beobachtung anzuraten. Große Rassen werfen 8—12 Junge, kleine Rassen 4—8. Eine größere Anzahl als 6 Stück ist aber nicht gut von der Häsin zu ernähren, und deshalb wird man nach dem Wurfe alle Schwächlinge beseitigen oder aber einen Teil einer Amme unterlegen. Als Amme verwendet man meistens Holländerhäsinnen, welche die Jungen außerordentlich gut aufziehen und deshalb besonders in Zuchten verwendet werden, wo auf eine Erhaltung der überzähligen Jungen Wert gelegt wird. Sie müssen allerdings gleichzeitig mit der anderen Häsin werfen, d. h. der Wurf darf höchstens einige Tage alt sein.

Wenn beim Wurf die Häsin die Jungen auffrißt, ist wohl kaum Abhilfe möglich, denn nach den bisherigen Erfahrungen wird das Zuchttier immer wieder in den gleichen Fehler verfallen. Viele Züchter geben der Inzucht die Schuld, andere behaupten, der große Durst der Tiere oder ein Versehen verschulde es, denn die Häsin beißt die Nabelschnur ab und, wenn es nicht verhindert wird, frißt sie auch die Eihäute und die Jungen auf. Deshalb sollte der Züchter beim Wurf aufpassen und nach Möglichkeit das Auffressen verhindern. Es ist schon aus gesundheitlichen Gründen für das Tier notwendig, daß diesem unnatürlichen Triebe vorgebeugt wird. Bei großen Rassen kommt es beim ersten Wurf häufig vor, daß die Häsin zum Säugen nicht auf das Nest geht und deshalb dadurch dazu gezwungen werden muß, daß man sie am Abend auf das Nest setzt. Die Jungen versuchen sofort zu saugen. Wenn das Tier die Jungen annimmt, wird es auch in der Folge aufs Nest gehen, andernfalls ist man gezwungen, die Jungen einer anderen Häsin unterzulegen. Deshalb ist es zweckmäßig, wenn gleichzeitig mehrere Häsinnen werfen. Auch ein Ausgleich der Zahl der Jungen ist auf diese Weise leicht möglich.

Die Aufzucht der Jungtiere. Die Kaninchen werden blind geboren und sehen erst nach 10 Tagen. Bei sorgsamen Muttertieren ist eine Nachhilfe bei der Aufzucht nicht notwendig. Man vergewissert sich, ob alle Junge lebendig sind, entfernt überzählige und Schwächlinge oder verkrüppelte und sorgt für gutes Futter. Auch frische Milch als Tränke ist den säugenden Häsinnen sehr zuträglich. An dem runden, dicken Aussehen der Jungen ist ersichtlich, daß sie gesäugt werden. Weigert sich die Häsin auf das Nest zu gehen, so sind nicht selten die Saugwarzen entzündet; dann ist das Einreiben mit Eibischsalbe anzuraten und sanftes Abstreichen der dicken Milch notwendig. Sobald die Jungen saugen, geht auch die Entzündung zurück. Wenn die Jungen eingehen, ist die Häsin wieder zu decken, um das Zurückgehen der Milch zu veranlassen, sonst tritt eine schwere Entzündung des Gesäuges ein.

Die Jungen sind nach 3—4 Wochen bereits so selbständig, daß sie das Nest verlassen und vom Futter der Alten naschen. Man gebe deshalb junges Grünfutter, gutes Heu, sorgfältig gekochtes Weichfutter aus einwandfreien Küchenabfällen. Man läßt die Jungen zwecks guter

Entwicklung 10—12 Wochen bei dem Muttertier. Gutgenährte Junge können auch mit 8 Wochen weggenommen werden. Sie sind sofort nach Geschlechtern zu trennen und gesondert einzustallen. Das Geschlecht ist am Geschlechtsteil zu erkennen. Man zieht mit den Fingern vorsichtig die Haut zurück und sieht beim Rammler das kleine Glied mit kreisrunder, beim weiblichen Tier eine spaltförmige Öffnung. Die Fütterung der abgesetzten Jungtiere geschieht in gleicher Weise wie bei den älteren Tieren. Wer etwas Milch geben kann, unterstützt das Wachstum und die kräftige Entwicklung der Tiere. Für die Jungtiere ist ein großer Auslauf von besonderem Vorteil, doch müssen sie stets nach Geschlechtern getrennt sein, will man nicht recht unliebsame Überraschungen erleben; denn die Jungen sind schon im Alter von 3 Monaten geschlechtsreif. Was nicht von den Jungtieren zur Zucht ausgewählt wurde, wird zum Schlachten bestimmt und durch gute Fütterung auf das höchstmögliche Gewicht gebracht.

Die Mast der Kaninchen kann sich nur auf einige Wochen erstrecken, denn bei vorwiegender Trockenfütterung mit gutem Heu unter Beigabe von Hafer, Gerstenschrot und Kartoffeln wird eine baldige Gewichtserhöhung und Fettbildung erzielt. Dazu müssen die zum Schlachten bestimmten Tiere in möglichst kleinen Ställen gehalten werden, damit sie wenig Bewegung haben. Als Tränke gibt man Ziegenmilch oder Wasser; je besser das Tier genährt wird, desto schneller wird es schlachtreif. Die Wahl der zur Mast geeigneten Futtermittel hängt in der Hauptsache von der billigen Beschaffung ab, und es ist nicht immer gut möglich, das beste Futter zu beschaffen. Gewöhnlich füttert man alles, was auch bei anderen Kleintieren als Kraft= und Mastfutter bekannt ist, wie Malztreber, Kleie, Brot, überhaupt alle stärkemehlhaltigen Futtermittel.

Die Verwertung. Das Kaninchen ist mit 6—8 Monaten schlachtreif, wenn es gut gefüttert wurde. Tiere, die jünger sind, zu schlachten, ist nicht ratsam, weil ja erst mit zunehmendem Alter ein größeres Körpergewicht erzielt wird. Geht eine kurze Mast dem Schlachten voraus, so werden die Tiere dadurch wertvoller, da sie Fett ansetzen, das sich ebenso gut wie jedes andere Fett im Haushalte verwerten läßt. Außerdem ist das Fleisch saftiger und bedarf nicht des Spickens, wie es sonst beim Feldhasen notwendig wird.

Das Abschlachten des Kaninchens geschieht auf folgende Weise: Das Tier wird auf einen Tisch gesetzt, so daß man es bequem zur

Hand hat, bei den Ohren gefaßt und nun mit einem scharfkantigen Holz oder Stück Eisen durch einen starken Schlag hinter die Ohren, also direkt in das Genick, getötet (Abb. 22). Dann sticht man mit einem langen, spitzen Messer durch den geöffneten Rachen links nach hinten, um die Halsschlagader zu treffen. Das Tier wird dann an den Beinen gefaßt und zum Ausbluten gehalten. Das Blut fängt man in einer untergestellten Schüssel auf. Es kann dann später mit zum Kochen verwendet werden. Nachdem das Tier sich vollständig ausgeblutet hat, werden die Flechsen an den Hinterbeinen freigelegt, ein Querholz durchgesteckt, oder aber es wird an zwei eingeschlagenen starken Nägeln an der Wand aufgehängt. Nun löst man, an den Hinterläufen beginnend, das Fell los, zieht es mit starkem Ruck nach unten, durchschneidet die Ohrwurzeln und hilft mit dem Messer an den Vorderläufen und am Kopfe beim Ablösen nach. Das Fell wird vorerst beiseite gelegt. Dann trennt man vorsichtig die Bauchnaht, löst mit einem Schnitt den Beckenknochen und die Muskeln, schneidet das Darmende mit dem After vorsichtig heraus und kann jetzt die Gedärme mit dem Magen entfernen. Nach Trennung des Bauchfelles wird die Lunge und das Herz freigelegt. An der Leber ist die Gallenblase auszulösen. Etwa vorhandene kleine gelbliche Knötchen schneidet man aus; sie sind meistens Kennzeichen der Gregarinose. Wenn die Leber nur vereinzelt solche Bläschen aufweist, ist sie nach Beseitigung derselben verwendbar.

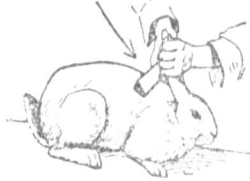

Abb. 22. Töten durch einen Schlag hinter die Ohren.

Das Fell wird noch frisch sofort auf ein Spannbrett gespannt, das oben 10 cm, unten 20 bis 30 cm breit und ungefähr 70 bis 90 cm lang ist. Man zieht das Fell mit der Fleischseite nach außen darüber, befestigt mit einigen Nägeln die Kopfhaut am oberen Ende und spannt durch Zug das Fell so, daß es stramm sitzt. Der untere Rand wird ebenfalls mit Nägeln festgemacht (Abb. 23). Das aufgezogene Fell muß an einem schattigen, luftigen Ort trocknen. An der Sonne oder bei künstlicher Wärme soll es nicht getrocknet werden, weil es dadurch an Verwendbarkeit verliert.

Das abgebalgte Tier läßt man bis zum vollständigen Erkalten an der frischen Luft hängen. Im Winter darf es gefrieren und kann oft in diesem Zustande mehrere Wochen hängen bleiben. Bei warmem

Wetter wird es nach dem Erkalten und 24 stündigem Abliegen verwendet. Es lassen sich alle Fleischgerichte, welche die Küche kennt, aus Kaninchenfleisch herstellen. Es wird gebraten, gebacken, gedämpft, geschmort, mit und ohne Beigabe von Gemüsen, Salaten u. dgl. auf den Tisch gebracht. Herz, Lunge und das Blut, sowie die weniger wertvollen Teile, z. B. den Kopf, die Weichteile, kocht man gewöhnlich zu Kleinfleisch. Als weißes Fleisch, ähnlich dem Geflügelfleisch, verträgt es scharfe Würzen, so daß jedem Geschmack bei der Zubereitung entsprochen werden kann. Das gewonnene Fett wird mit feingeschnittenen Zwiebeln ausgebraten und läßt sich dann an Stelle der Butter sowie auch als Bratenfett verwenden.

Abb. 23. Spannbrett für das Fell.

Die Felle gibt man, wenn sie getrocknet sind, an die Felleinkaufsstellen weiter, die, je nach der Größe und Behaarung des Felles, für das Stück 20—35 M. bezahlen. Bevorzugt werden große Winterfelle mit guter Behaarung vom französischen Riesensilber, franz. Widder, Riesenschecken, belgische Riesen, deutsche Riesen, Silber-, weiße Riesen-, Havanna- u. dgl. Kaninchen, also von großen Rassen. Die Farbe des Felles ist vielfach nebensächlich, weil das Umfärben bei verschiedenfarbigen Fellen und zur Nachahmung der Wildfelle unbedingt notwendig ist. Die schönste Behaarung haben die im Winter (Januar—Februar) geschlachteten Tiere, wenn die Ställe im Freien stehen.

Die Wolle der Angorakaninchen, welche durch Auskämmen oder Scheren der Tiere gewonnen wird, kann im Haushalte wie Schafwolle versponnen werden, doch kaufen auch unsere einheimischen Spinnereien die Wolle zu sehr guten Preisen auf, um sie zu Geweben zu verarbeiten. Wo die Selbstverarbeitung infolge zu geringer Mengen nicht lohnt, gebe man die Wolle an eine Sammelstelle ab. Es ist schon eine ziemlich große Zucht erforderlich, um genügende Mengen Wolle zusammenzubringen, denn der höchstertrag dürfte bei sorgfältiger Pflege und von ausgewachsenen Tieren für das Stück sich auf 150 g im Jahre bemessen lassen. Die abgeschlagenen Läufe von geschlachteten Tieren lassen sich nach Ausbrechen der Krallen als Ersatz für Anstreichbürsten und Kehrmische verwenden.

Der Dünger ist dem besten Kuhmist gleichwertig; er sollte deshalb auch sorgfältig behandelt werden, da man ihn sehr gut zur Düngung des Gartens, besonders der Kohlgewächse, Gurken, Kürbisse u. dgl. gebrauchen kann.

5. Das Kaninchen

Einige Krankheiten. Bei sorgfältiger Pflege, Fütterung und guten Ställen treten Krankheiten selten auf. Wo aber schon die Grundbedingungen der Haltung nicht erfüllt werden, wird man keine guten Erfolge, sondern immer kranke Tiere haben. Gesunde Tiere sondere man stets von den kranken ab, nicht umgekehrt, denn das kranke Tier kann eine übertragbare Krankheit haben, die bereits im Stalle vorhanden ist und das gesund verbliebene Tier würde in der verseuchten Umgebung ebenfalls erkranken; deshalb ist die Beseitigung der gesunden Tiere zuerst notwendig. Bei Erkrankungen ist ohne weitere Behandlung das Abschlachten das beste Mittel, weil man wenigstens noch das Fleisch und Fell unbesorgt verwerten kann. Bei den längere Zeit krank gewesenen Tieren verliert das Fleisch an Wohlgeschmack und Güte, gutem Aussehen und das Tier an Gewicht. Die hauptsächlichsten Krankheiten sind:

Augenentzündung. Kennzeichen: verklebte Augen, Eiter, Tränen, schorfartiger Ausschlag. Ursache: Zugluft, Erkältung, unsauberer, feuchter, dunstiger Stall. Behandlung: Auswaschen mit Fenchel- oder Kamillentee, trockner, zugfreier Stall.

Balggeschwür. Kennzeichen: Geschwulst, anfangs hart, später weich, verschieden groß, überall auftretend. Ursache: Stoß, Biß, Eindringen von Dornen, Stacheln. Behandlung: weiche Geschwulst aufschneiden, Eiter ausdrücken, Auswaschen der Wunde mit 1—5% iger Kreolinlösung.

Durchfall. Kennzeichen: dünnflüssiger Kot, später mit Blut und Schleim vermengt, hochgradiger Darmkatarrh. Ursache: Erkältung, schlechtes, gefrorenes, nasses Futter, plötzlicher Futterwechsel, zu viel und ungeeignetes Grünfutter. Behandlung: Trockenfütterung mit gutem Heu, geröstetem Hafer, Gerste; Eichen-, Weidenlaub und Zweige, Tannalbin oder Gerbsäure in kleinen Mengen verabreichen.

Euterentzündung. Kennzeichen: Geschwulst und Entzündung des Gesäuges, Fieber. Ursache: fehlendes oder ungenügendes Absaugen der Milch bei säugenden Häsinnen, Bisse durch säugende Junge, Erkältung. Behandlung: Umschläge mit essigsaurer Tonerde oder Lehmanstrich im Anfang, bei Vereiterung Umschläge mit warmem Kamillentee oder Heublumen, Aufschneiden der Geschwulst und Behandeln wie Balggeschwüre.

Gregarinose, Kokzidiose, Kaninchenpest, Seuche. Kennzeichen: Fieber, starker Durchfall, Hinfälligkeit, Abmagerung, Bauchwassersucht, Krämpfe, schneller tödlicher Verlauf, Massensterben von Jungtieren, gelbliche Knötchen in der Leber, Entzündung der Gedärme. Ursache: Einwanderung mit dem Futter von mikroskopisch kleinen Urtierchen als krankheitserregende Schmarotzer in die Schleimhäute des Körpers, wodurch Entzündungen der Darm-, Magenschleimhaut, der Lebergallengänge verursacht werden. Behandlung: zwecklos. Krankheit durch Ansteckung sehr leicht übertragbar, befallene Tiere abschlachten, verendete tief vergraben oder verbrennen, Ställe, Futtergeschirre desinfizieren.

Tafel III

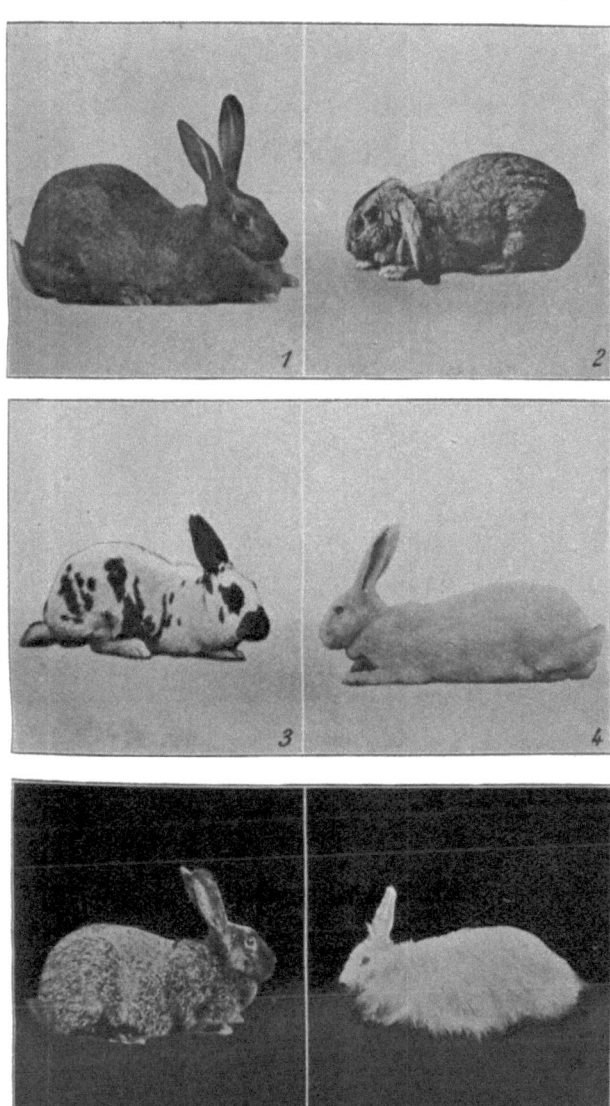

Nutzkaninchenrassen: Abb. 11 (1) Belgisches Riesenkaninchen, Abb. 12 (2) Französischer Widder, Abb. 13 (3) Deutsche Riesenschecke, Abb. 14 (4) Weißer Riese, Abb. 15 (5) Großsilber. Abb. 16 (6) Angora oder Seidenhase

Tafel IV

Nutzhühner: Abb. 24 (1) Ramelsloher (Legehuhn), Abb. 25 (2) Rosenkämmige Minorka (Legehuhn), Abb. 26 (3) Nassauer Maihühner (Fleischhuhn), Abb. 27 (4) Mecheleler Kuckucksiperber (Fleischhuhn), Abb. 28 (5) Deutsche Reichshühner (Zwiehuhn) Abb. 29 (6) Siebenbürger Nackthälse (Zwiehuhn)

Kaninchenkrankheiten

Gregarinöser Schnupfen, Schnupfenfieber, bösartiger Schnupfen. Kennzeichen: anfangs dünner, später eiteriger Ausfluß aus der Nase, starkes Niesen, Schlingbeschwerden, Augenentzündung, Fieber, in der Folge alle Erscheinungen der Gregarinose. **Ursache:** Einwanderung von Gregarinen auf Nasen- und Rachenschleimhaut. **Behandlung:** meistens zwecklos; Ausspritzen der Nase und des Maules mit 2%iger Lösung von chlorsaurem Kali oder Borsäure, Einatmenlassen von schwachen Teerdämpfen, innerlich alle 3 Stunden 5 Tropfen Glyzerin in Weidenrindenabkochung oder 5 Tropfen Kreosotal einmal im Weichfutter, strengste Desinfektion des Stalles wie bei Gregarinose.

Knochenweiche. Kennzeichen: verkrümmte Läufe, Schwäche und Hinfälligkeit bei Jungtieren, ständiges Liegen, Bruch der Knochen. **Ursache:** Mangel an Kalksalzen im Futter. **Behandlung:** Zusatz von phosphorsaurem Kalk oder Chlorkalzium zum Weichfutter, Salz und Verfüttern von Hafer, Erbsenschrot, Bohnen, Stroh von Hülsenfrüchten (Vorsicht wegen Verstopfung).

Krätze oder Räude. Kennzeichen: schorfige Stellen am Körper, die zum Kratzen veranlassen und zur Borkenbildung führen. **Ursache:** eine Hautgrabmilbe, welche in der Unterhaut lebt und vom Blut sich ernährt, Jucken und Beißen verursacht. **Behandlung:** Bestreichen der Borken mit Schmierseife, Abwaschen der Borken, Bestreichen der Stellen mit Perubalsamlösung oder Styrax. Krankheit ist übertragbar, deshalb Desinfektion, gründliche Reinigung.

Haarmilben. Kennzeichen: grauweiße Pünktchen im Haar und auf der Haut. **Ursache:** eine Milbe oder Haarling, Hautschmarotzer. **Behandlung:** Einstäuben mit Insektenpulver, feingemahlenem Schwefel, Reinlichkeit, Ausbürsten des Felles; ansteckend.

Ohrenräude. Kennzeichen: Schütteln des Kopfes, heiße Ohrmuscheln am Grunde, borkiger Belag im Innern des Ohres. **Ursache:** Saugmilbe. **Behandlung:** Aufweichen der Borken mit Glyzerin, Entfernen der Borken, Einstäuben von feingemahlenem Schwefel oder Auspinseln des Ohres mit Perubalsam.

Speichelfluß. Kennzeichen: nasse Schnauze und Hals unter ständigem Ausfluß von Speichel. **Ursache:** ausschließliche Verfütterung von schlechtem Grünfutter, Reizung der Maulschleimhaut durch Futtermittel. **Behandlung:** Ausspritzen des Maules mit Abkochung von Weidenrinde, Alaunlösung, Änderung der Fütterung.

Trommelsucht. Kennzeichen: Aufblähen des Leibes bei Jungtieren, hastiges Atmen, plötzlicher Tod. **Ursache:** Überfressen mit jungem Klee oder Grünfutter, starke Gasentwicklung im Magen und Darm, Druck der Gase auf Herz und Lunge. **Behandlung:** vorsichtige Fütterung von Grünzeug neben Heu zur Vorbeuge; Pfefferminztee mit einigen Tropfen Salmiakgeist oder Terpentinöl bei Blähung.

Verstopfung. Kennzeichen: mangelnder Kotabsatz bei wiederholtem Drängen, Futterverweigerung, Fieber. **Ursache:** zu reichliche Trockenfütterung (Kleie, Stroh von Hülsenfrüchten u. dgl.). Mangel an Wasser oder Grünfutter, Abwechslung im Futter. Behandlung: saftiges Grünfutter, Rüben, Möhren, kleine Mengen künstliches Karlsbader Salz, Wasser zum Saufen, Seifenwassereinspritzung in den Darm.

Wundläufe. Kennzeichen: Geschwüre und beulenartige Verdickungen an den Läufen. Ursache: schlechtes Futter, zu reichliche Fütterung von Kartoffelschalen, schlechtes Blut, Folgen der Inzucht. Behandlung: wie bei Balggeschwüren, Verstreichen der Wunden mit Jodoformkollodium oder Bestäuben mit Dermatol.

6. Das Huhn.

Die Rassen des Huhnes. Die zahlreichen Rassen des Huhnes können nach ihrem Nutzungs- und Gebrauchswert unterschieden werden, abgesehen von der Einteilung, die sich auf die Zusammengehörigkeit der verschiedenen Rassen nach ihrer Abstammung richtet. Wir unterscheiden Nutz- oder Wirtschaftshühner und Sport- oder Zierhühner. Diese haben für den Nutzzüchter nur eine geringe Bedeutung. Nutzhühner werden unterschieden in Legehühner, Fleischhühner und Rassen, die sowohl für die Eier- wie auch für die Fleischerzeugung geeignet sind sogenannte Zweifach- oder Zwiehühner. (Siehe Tafel IV Abb. 24—29.)

Nach dem Gebrauchs- und Nutzungswert empfiehlt die Deutsche Landwirtschafts-Gesellschaft auf Grund ihrer Ermittelungen folgende Rassen: Glattfüßige Legehühner für freien Auslauf mit gelblicher Haut und gelben Beinen: Italiener, einfachkämmig, rebhuhnfarbige, weiße, schwarze, gelbe und andere Farben.

Deutsche Landhühner mit gelber Haut und dunklen Beinen: Ramelsloher, Bergische Kräher, Lakenfelder, Thüringer Pausbäckchen, Ostfriesische Möwen, Hamburger Sprenkel, Gold- und Silberlack, schwarze Minorka, Andalusier, Campiner.

Legehühner schweren Schlages für beschränkten Auslauf, mit gelber Haut und gelben Beinen: Wyandottes, weiße, Gold-, Silber-; Plymouth-Rocks, gesperberte; Rhodeländer (rotes Gefieder).

Legehühner schweren Schlages für beschränkten Auslauf und zur Mast geeignet, glattfüßig mit weißer Haut und hellen oder dunklen Beinen: Orpington, gelbe und weiße; Langshan, glattfüßige; Siebenbürger Nackthals, Deutsches Reichshuhn.

Masthühner: Faverolles, Mechelner, Dorking, Nassauer Masthuhn.

Als Sport- und Zierhühner gelten alle Rassen, die auf eine bestimmte Federzeichnung und elegante Form, ohne Rücksicht auf den wirtschaftlichen Wert, gezüchtet werden. Als solche sind zu nennen die Zwerge aller großen Rassen und die eigentlichen Zwerge, z. B. die Bantams, Zwergkämpfer, die aber auch gute Legerinnen sein können und sich für beschränkte Verhältnisse, z. B. für die Stadt, sehr gut eignen, dann die großen Rassen: Phönix, Yokohamas, ein großer Teil der Haubenhühner, da sie ja nur einen beschränkten Wert für die Nutzhaltung haben.

Bei der Wahl einer Rasse muß sich der Züchter deshalb hauptsächlich nach dem von ihm beabsichtigten Zweck richten. Es ist nicht gut möglich, eine bestimmte Rasse als die beste in Vorschlag zu bringen, denn der wirtschaftliche Wert einer Rasse hängt vor allem von der Abstammung, dann von der Pflege, Fütterung und den örtlichen Verhältnissen selbst ab. Da die vorgenannten Nutzrassen hinsichtlich ihrer Gebrauchsfähigkeit für große oder beschränkte Ausläufe bereits genannt sind, so muß es dem Züchter überlassen bleiben, nach Geschmack und Gefallen sich zur einen oder anderen Rasse zu entschließen. Die Hauptsache bleibt immer bei der Haltung zweckmäßige Fütterung und sachgemäße Pflege.

Zum Ankauf eines Geflügelstammes, das sind ein Hahn und eine entsprechende Anzahl Hennen, ist der Herbst die beste Zeit, weil die meisten Angebote von Jungtieren zu haben sind. Die Selbstaufzucht aus Bruteiern ist dem Anfänger zu widerraten, wenn er nicht bereits genügende Erfahrungen besitzt, welche diesen scheinbar billigen Erwerb ohne große Verluste ermöglichen. Wer bereits Hühner gehalten hat und über die Pflege, Fütterung und vor allem die Aufzucht der Jungtiere vollständig unterrichtet ist, dem kann auch der Ankauf von Bruteiern und die künstliche Brut angeraten werden. Andernfalls gibt es noch einen anderen Ausweg, den Ankauf von Eintagsküken, die häufig angeboten werden. Man darf aber dabei nicht vergessen, daß es nicht gut möglich ist, bei den Eintagsküken das Geschlecht zu unterscheiden, so daß dann eine große Anzahl der gekauften Küken Hähne sein können, die man später allerdings schlachten kann, wenn nicht durch Austausch mit anderen Züchtern die gewünschten Hennen zu beschaffen sind. Wo es sich um ausschließliche Gewinnung von Eiern handelt, ist die Haltung eines Hahnes nicht unbedingt notwendig, wie durch zahlreiche Versuche festgestellt ist; denn der Hahn hat auf die Legetätigkeit und die Eierbildung keinen großen Einfluß. Man kann deshalb ebensogut einen Stamm Hennen ohne Hahn halten,

68 6. Das Huhn

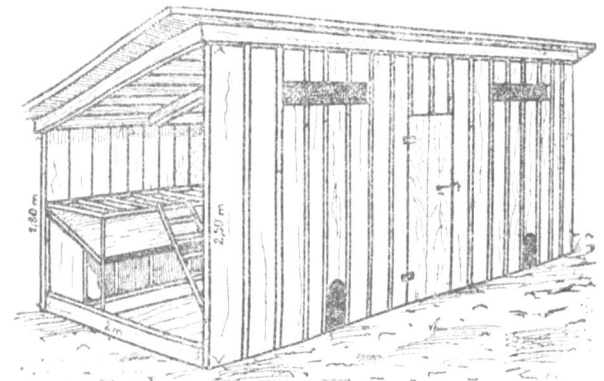

Abb. 30. Hühnerstall; die linke Wand ist weggelassen, um die innere Einrichtung (Sitzstangen und Legenester) ersichtlich zu machen.

ohne befürchten zu müssen, dadurch einen geringeren Eierertrag zu erzielen.

Der Hühnerstall. Zum Hühnerstall eignet sich jeder helle, zugfreie und trockene Raum, der gut gelüftet werden kann und möglichst mit der Vorderseite nach Süden oder Südwest gerichtet ist. Die Erwärmung ist im Winter nicht nötig. Meistens wird für die Hühner ein einfaches Bretterhaus errichtet, das nötigenfalls versetzt werden kann (Abb. 30). Die Größe richtet sich nach der Anzahl der Hühner. Man rechnet für 4—6 Hühner ein Geviertmeter Bodenfläche und bringt wegen der Seuchengefahr nicht mehr wie einen Stamm, das sind 1 Hahn und 10 Hennen, in einem Haus unter. Bei größerer Haltung sollten nicht über 50 Hühner in einem Haus untergebracht werden. Der Hühnerstall soll nur zum Übernachten des Geflügels dienen, deshalb sind außer den Sitzstangen und Legenestern andere Einrichtungen nicht notwendig. Für den Aufenthalt bei schlechtem Wetter ist ein am Hühnerhaus angrenzender genügend großer offener Scharraum anzubauen, der nach Bedarf gegen Regen und Wind durch Fenster, Läden oder Decken geschützt werden kann. Dort lassen sich Trink- und Futtergefäße, Kieskasten und Staubbad besser unterbringen, wie im Innern des Hühnerhauses.

Es ist zweckmäßig, jeden Stall nur mit einem Stamm Hühner zu besetzen. Sobald eine größere Herde zusammen übernachtet, gibt es endlose Kämpfe um den besten Sitz, und die Ruhe im Stall ist ständig gestört. Deshalb müssen auch die **Sitzstangen** in gleicher Höhe angebracht sein (Abb. 31), damit den Hühnern keine Wahl eines höhergelegenen Platzes möglich ist. Bei der stiegen- oder staffelartigen Anordnung der Sitzstangen wollen alle Hühner nur auf der höchsten Sitzstange ruhen. Die Sitzstangen sollen je nach der Schwere der Hühner 75—100 cm vom Boden entfernt sein. Sie werden an der Rückwand des Hauses angebracht. Man verwendet am besten rißfreie Dachlatten von 6 cm Breite, deren oberseitige Kanten abgerundet werden. Der gegenseitige Abstand muß 40—50 cm messen. In gleicher Entfernung soll die letzte Sitzstange von der Wand abstehen. Es ist besser, die Sitzstangen so zu befestigen, daß sie jederzeit wieder herausgenommen werden können, damit sie zu reinigen sind. (Siehe Abb. 31.) Des Ungeziefers wegen ist das **Anstreichen** mit Karbolineum oder mit dem geruchlosen Raco oder Antorgan notwendig.

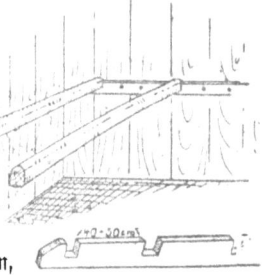

Abb. 31. Sitzstangen und deren Befestigung.

Diese geruchlosen Karbolineumsorten sind für die Innenräume dem starkriechenden Karbolineum vorzuziehen, denn auch die Hühner sind gegen unangenehme Gerüche empfindlich, suchen den Stall nur widerwillig auf und erkranken nicht selten durch die Ausdünstungen. Deshalb sollte der Stall nur mit Kalk ausgeweißt, Sitzstangen, Brut- und Legenester aber nur dann in Gebrauch genommen werden, wenn sie den Karbolineumgeruch verloren haben. Übrigens lassen sich diese gleichfalls mit Tünche von frischgelöschtem Kalk anstreichen.

Meistens werden die **Legenester** unter den Sitzstangen eingerichtet (siehe Abb. 30). Man macht kleine Abteilungen von 40 cm Breite und Tiefe und überdacht sie durch ein nach vorn schief abgerichtetes Brett. Dasselbe bezweckt, den Kot der Hühner von den Nestern abzuhalten; es wird deshalb Kotbrett genannt. Der besseren Reinigung wegen bestreut man es mit Sand, Torfmull, Streu oder Erde. Der Kot wird dadurch eingehüllt und läßt sich leichter entfernen. Bei der Neuanlage eines Stalles ist zu überlegen, ob Mauerwerk oder Holz vorzuziehen ist. Die Entscheidung kann dann nur durch den beabsichtigten Kostenaufwand und den Zweck der Anlage beeinflußt werden. Meistens wird der Hühnerstall unter dem gleichen Dache neben dem Ziegen- und Schweinestall in einem besonderen Abteil eingerichtet, und das ist jedenfalls die beste Art. Andernfalls baut man aus Holz Ställe mit isolierten Doppelwänden zur Aufstellung im Freien.

Der Auslauf der Hühner muß möglichst groß und unbeschränkt sein, damit die Tiere sich nach Bedarf das Futter zum größten Teil selbst suchen können. Wer Hühner auf beschränktem Raume hält, muß das ganze Futter aus der Hand verabreichen; dadurch wird die Hühnerhaltung außerordentlich verteuert, während die Hühner, welche in Gärten, auf Äcker, Wiesen und Wege Auslauf haben, jederzeit, besonders im Frühjahr und Herbst, bei gutem Wetter alles finden, was sie zu ihrer Ernährung bedürfen, z. B. Insekten, Würmer, Grünfutter aller Art, in landwirtschaftlichen Betrieben auch eine große Anzahl Körner, die bei der Ernte verloren gehen und durch die Hühner wieder nutzbar werden. Bei der Haltung auf beschränktem Raum fehlen diese wichtigen Futtermittel, und man muß dann zu Fleischmehl, Fischmehl und derartigen Kraftfuttermitteln greifen, welche die natürliche Nahrung ersetzen sollen. Daß dies nicht in dem Maße geschieht wie bei der Futtersuche im freien Auslauf, beweist ja vielfach die größere Legetätigkeit freilaufender Hühner. Es ist auch leicht begreiflich, daß die natürlichen Nahrungsstoffe auf das Huhn einen größeren Reiz ausüben und die Leistungsfähigkeit im Legen sowie im Wachstum günstig beeinflussen.

Die Pflege und Haltung. Die Haltung des Huhnes ist bei der leichten Anpassung an alle Verhältnisse nicht schwer. Sorgen wir für einen geschützten, trocknen Schlafraum, der frei von Ungeziefer, ruhig und sicher gegen Raubzeug (Ratten, Wiesel, Katzen u. dgl.) gelegen ist, und für einen genügend großen Auslauf, so sind die Hauptbedingungen erfüllt. Das Huhn ist ein Scharrvogel. Es muß zur Futtersuche scharren können. Deshalb ist der Auslauf auf Garten- und Ackerland unbedingt notwendig. Die Haltung des Huhnes auf einem gepflasterten Hof oder in engbegrenzten Ausläufen mit festem Boden ist gegen die Lebensgewohnheit des Tieres und unnatürlich, abgesehen davon, daß die Nutzleistung abnimmt und die Fütterung verteuert wird. Wer Hühner unter solchen ungünstigen Verhältnissen halten will, muß wenigstens einen Scharraum mit lockerem Boden einrichten und das Körnerfutter und kleine Sämereien teilweise hineinstreuen. Ebenso ist ein Staubbad aus Asche und Straßenstaub an einer sonnigen, regengeschützten Stelle des Scharraumes aufzustellen. Meistens genügt dazu eine einfache Kiste oder kleine offene Hütte. Die Hühner plustern in diesem Staubbad und reinigen sich dabei vom Ungeziefer, das ihnen sehr zusetzt, wenn sie sich nicht seiner erwehren können. Milben, Federlinge, Läuse vermehren sich schnell im Stall, wenn er nicht rechtzeitig und öfter mit Torfmull, trockener Erde oder Sand ausgestreut wird. Diese Streumittel sind auch zur Geruchsbeseitigung und Trockenhaltung des Stalles gut geeignet. Sie hüllen den Kot ein, so daß es genügt, wenn er öfters mit einem engen Rechen abgeharkt wird. Sitzstangen und Wände streicht man mit frisch gelöschtem Kalk an, wodurch der Stall ungezieferfrei und sauber gehalten wird.

Der Federwechsel oder die Mauser des Geflügels tritt im August/September ein und dauert gewöhnlich einige Wochen. Eine Krankheit ist der Federwechsel nicht, wenngleich die Tiere an Munterkeit einbüßen und oft still herumsitzen. Es ist aber sehr leicht möglich, daß das Geflügel während der Mauserzeit erkrankt, wenn die richtige Abfiederung aus irgendeinem Grunde gestört wird und Erkältungskrankheiten hinzutreten. Der Geflügelzüchter muß demnach beachten, daß dem Geflügel während der Mauser zweckmäßige Nahrung und entsprechender Schutz vor schädlichen Einflüssen bei ungünstiger Witterung gewährt wird. Zur Neubildung des Gefieders ist leichtverdauliches Weichfutter, Fleischabfälle, in Milch geweichtes Brot, fein zerstoßene Schweins- und Kalbsknochen in das Futter zu geben. Ferner ist viel Grünfutter unerläßlich. Das Einsperren des Geflügels bei schlechtem Wetter, wie es aus übergroßer Besorgnis von manchem Geflügelzüchter getan wird, ist unnötig. Das Geflügel bedarf gerade während der Mauser der Freiheit, damit es in dem Hof und Feld das nötige Beifutter, wie Schnecken, Insekten, Käfer, Würmer, Körner und Grünes selbst finden kann. Nur bei tagelangem nassem Wetter hält man das Geflügel in einem größeren Raum, wo es nicht zu sehr in seiner Bewegungsfreiheit gehindert ist. Zugluft ist während der Mauser von größtem Schaden für das Geflügel, weil katarrhalische Erkrankungen (Pips) fast immer die Folgen sind. Wer es an kräftigem Futter und einiger Pflege nicht fehlen läßt, wird kaum einen Schaden oder Verlust während der Mauser an seinem Geflügel zu beklagen haben.

Die Fütterung des Huhnes. Das Huhn bevorzugt Körnerfutter, besonders die Getreidearten Weizen, Gerste, Hafer, Mais, Hirse, Buchweizen, Erbsen, Bohnen, Leinsamen, sowie die Unkrautsamen. Roggen

6. Das Huhn

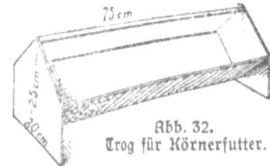

Abb. 32. Trog für Körnerfutter.

wird ungern gefressen und ist auch weniger zuträglich. Die großen Körner müssen für Zwerghühner geschrotet oder gebrochen werden. Sie dürfen nicht schimmelig sein, weil dadurch Verdauungskrankheiten entstehen. Von diesem Körnerfutter sind für jedes Kilogramm Lebendgewicht des Huhnes täglich 25 g zu geben, möglichst in Abwechslung oder gemischt. Außerdem erhält das Huhn noch auf das Kilogramm Lebendgewicht berechnet 50 g Weichfutter, welches aus verschiedenen Futterstoffen zusammengesetzt wird. Man verwendet gekochte Kartoffeln mit Kleie vermengt und setzt etwas Fleischmehl oder abwechselnd Fisch- und Blutmehl oder frisches Knochenschrot und Fettgrieben zu. Als Grünfutter sind im Sommer außerdem Salat, junges Gras, Gemüseabfälle, Klee, kleingeschnitten, in reichlicher Menge zu füttern. Im Winter gibt man Klee- und Heumehl oder Heublumen gebrüht und mit dem Weichfutter vermengt abwechselnd, oder Möhren, Runkelrüben, Kohlrüben. Kleingeschlagene Eierschalen, scharfer Kies, kleine Steinchen, Holzkohlenstückchen dürfen zur beliebigen Aufnahme nicht fehlen, weil sie zur Verdauung unentbehrlich sind. Man stellt sie in einem Gefäß in den Scharraum.

Während des Krieges ist die Körnerfütterung vielfach sehr erschwert worden. Sie mußte für jedes Huhn insgesamt auf 20 g verringert werden und durch Unkrautsämereien oder Heusamen ersetzt werden, soweit nicht Abfallgetreide zu beschaffen war. Da hat sich herausgestellt, daß es auch mit weniger Körnern geht, wenn man nur zweckmäßige Futterzusammenstellungen und Abwechslung beachtet. (Die im Getreideausputz enthaltene Kornrade ist übrigens nicht zur Fütterung geeignet, sondern den Hühnern schädlich, wenn sie nicht vorher scharf geröstet wird.) Man füttert für jedes Huhn 20—30 g Körnerfutter am Abend und dazu genügend Weichfutter. Tagsüber gibt man am Morgen und Mittag reichlich Weichfutter, das abwechselnd aus gekochten Kartoffeln, Fleischmehl oder Blut und Schlachthausabfällen, Kleie, Biertrebern, Knochenschrot, Malzkeimen, gebrühten Klee- und Serradellahäcksel zusammengestellt

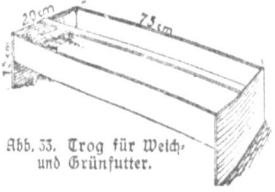

Abb. 33. Trog für Weich- und Grünfutter.

Fütterung, Zucht

werden kann. Auch Speisereste und Küchenabfälle sind zu verwenden, solange sie nicht sauer geworden oder versalzen sind. Das Weichfutter muß krümelig und trocken sein. Es wird lauwarm, im Winter warm verabreicht. Das Trinkwasser ist täglich zweimal zu erneuern, im Sommer soll es frisch, im Winter angewärmt sein. Die Hauptsache ist, daß die Tiere unbeschränkten Auslauf auf Felder, Äcker und Wiesen, in den Garten und auf den Komposthaufen haben, damit sie einen Teil ihrer Nahrung durch die Futtersuche, das Auflesen von Würmern, Insekten und Ungeziefer, Unkrautsamen und Grünfutter decken und dadurch die Fütterung verbilligen.

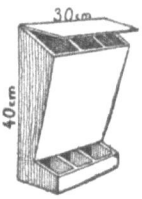

Abb. 34. Futterkasten für Körner, Kalk u. dgl.

Es ist zweckmäßig, jede Geflügelart gesondert zu füttern und nicht Hühner, Enten, Gänse und Tauben zusammen, weil die Tiere zu unterschiedlich in der Futteraufnahme sind. Das große Geflügel frißt viel schneller als die Hühner und Tauben und diese erhalten dann viel zu wenig. Bei der Einzelfütterung ist das aber insofern ausgeschlossen, weil die Bemessung des Futters für die Kopfzahl des Geflügels einen gewissen Anhalt gibt, so daß jedes Tier seinen Teil erhält. Alle Futtermittel sollten in genügend langen Trögen (Abb. 32 u. 33; vgl. auch Abb. 34), das Wasser in Steingutgefäßen oder selbsttätigen Tränkflaschen (Abb. 35) verabreicht werden. Im Sommer ist täglich die öftere Erneuerung des Trinkwassers notwendig. Im Winter soll es warm sein. Warmes Trinkwasser ist bei kaltem Wetter den Tieren sehr zuträglich, desgleichen auch das vorgewärmte Körnerfutter und das warme Weichfutter. Rüben und Knollen, die im Winter an Stelle des Grünfutters gegeben werden, dürfen nicht gefroren sein. Man hängt halbierte Rüben an einer Wand so auf, daß die Hühner bequem davon picken können; auch mit dem Rübenhobel zerkleinert eignen sie sich zur Fütterung im Trog. Das Grünfutter (Gras, Klee, Salat, Kohlblätter usw.), welches im Sommer verabreicht wird, muß stets zerkleinert in einem Trog (Abb. 33) vorgesetzt werden. Die Hühner haben bekanntlich keine Zähne und verlangen deshalb das Grünfutter mundgerecht zubereitet.

Abb. 35. Tränkflasche.

Die Zucht. Die Zusammenstellung der Zuchtstämme muß bereits im Herbst erfolgen. Die Hähne sind vor der Auswahl der Zuchthennen von diesen zu trennen, damit nicht eine vorzeitige Abnützung der Geschlechtskraft stattfindet. Für einen Zuchtstamm von 10—12 Hühnern genügt ein Hahn. Es ist zur Erreichung einer guten Befruchtung zweckmäßig, wenn man zwei Hähne für jeden Zuchtstamm bereithält und diese abwechslungsweise einen um den anderen Tag mit den Hennen laufen läßt.

Die besten Bruteier liefern zweijährige Hennen; das schließt aber nicht aus, auch von einjährigen Tieren gute Bruteier zu erhalten, wenn alle Lebensbedingungen günstig sind und es an der richtigen Pflege und Fütterung nicht fehlt. Besonders spielt der unbeschränkte Auslauf eine große Rolle, denn Hühner, die auf beschränktem Raum gehalten werden, legen erfahrungsgemäß schlechtbefruchtete oder keimschwache Bruteier. Die Legeleistung des Huhnes ist im ersten und zweiten Jahre am größten, nimmt im dritten Jahre ab und sinkt im vierten unter die Durchschnittsleistung, so daß es sich nicht mehr lohnt, ältere Tiere zu halten, weil diese den Nutzen ganz wesentlich beeinträchtigen. Bei der Auswahl der Zuchttiere ist neben der Nutzleistung auch auf die Körperform und die Rassemerkmale besonderes Gewicht zu legen, weil nur von besten Tieren wieder gute Nachzucht zu erwarten ist. Daß durch regen Blutwechsel, d. h. durch den Wechsel des Hahns, die Züchtung günstig beeinflußt wird, ist nicht von der Hand zu weisen.

Die natürliche Brut. Wenn das Huhn eine Anzahl Eier gelegt hat, fängt es an zu glucken und bleibt auf dem Nest sitzen, um zu brüten. Mit der Legetätigkeit ist es dann für einige Wochen vorbei. Wo die Aufzucht von Kücken beabsichtigt ist, wird die Brutlust ausgenutzt und das Huhn auf ein vollbesetztes Eiernest gesetzt. Die beste Brutzeit ist das Frühjahr vom März ab.

Die Herrichtung des Brutnestes ist von großer Wichtigkeit für das Gelingen der Brut. Die Bruthenne muß vor allem ruhig, ungestört und sicher sitzen. Deshalb wähle man einen Raum, wo die Brüterin nicht durch Personen, andere Hühner oder Tiere, besonders nicht durch Ratten und Raubzeug, belästigt wird. Brüten mehrere Hennen im gleichen Raume, dann ist das Einsetzen in geschlossene Brutkästen nötig, damit sich die Tiere nicht sehen und nicht die Nester streitig machen. Der Brutkasten (Abb. 36) ist ungefähr 50 cm breit, 60 cm tief und ebenso hoch. Die Vorderseite ist durch einen herausziehbaren Rahmen abgeschossen. Derselbe läuft in einer Rille, die aus angenagelten Latten gebildet wird. Der Rahmen wird mit Drahtgeflecht bespannt.

Auch eine Türe kann zum Abschluß der Vorderseite angebracht werden. Der Boden des Kastens besteht ebenfalls aus Drahtgeflecht, damit die Bodenfeuchtigkeit und die Kühle der Erde zu den Eiern gelangen kann, nicht aber Ratten und Mäuse. Das Drahtgeflecht wird mit Stroh oder Torfmull reichlich dick belegt, so daß in der Mitte eine schüsselförmige Vertiefung zur Aufnahme der Eier entsteht. Der Deckel ist zum Aufklappen eingerichtet, damit man nötigenfalls von oben zu dem Tier gelangen kann. Durch Benutzung dieses

Abb. 36. Brutnestkasten.

Brutkastens wird es möglich, mehrere Brüterinnen in einem Raume unterzubringen, wenn jede für sich in einen solchen Kasten gesetzt wird. Man hat dann nur nötig, sie täglich zum Füttern nacheinander vom Nest zu nehmen.

Zweijährige Tiere brüten am besten. Bei einjährigen ist man nicht ganz sicher, ob sie sitzen bleiben und später gut führen. Auch auf das Gebaren der Tiere ist bei der Auswahl der Tiere zu achten, zutrauliche Hennen sind den scheuen vorzuziehen. Die Eier sollen möglichst gleich groß, gleichmäßig geformt und nicht über acht Tage alt sein. Ungleiche Eier werden schlecht ausgebrütet und geben auch ungleich große Kücken. Die Befruchtung der Eier läßt sich am sechsten Tage nach der Brut durch Schieren oder Durchleuchten feststellen. Dieses geschieht während der Fütterung der Henne. Man nimmt die Eier vom Nest und durchleuchtet sie mit einer Eierprüferlampe oder mit einer Taschenlaterne. Die keimfähigen Eier zeigen einen dunklen Punkt und die feine Aderung, von welcher der Ei-Inhalt durchzogen ist (Abb. 37). Unbefruchtete Eier sind hell; bei den angebrüteten, in welchen der Keim bereits abgestorben ist, fehlt die Aderung. Es ist nur eine wolkige Stelle zu sehen (Abb. 38). Durchschnittlich werden 13 oder 15 Eier, bei kleinen Tieren auch nur 9, zum Brüten gegeben. Die ungleiche Zahl ermöglicht eine gleichmäßige Anordnung im Neste. Um eine vollständige Besetzung des Nestes mit Eiern zu erzielen, ist es ratsam, zwei oder mehrere Bruthennen gleichzeitig zu setzen; dann kann man nach Entfernung der schlechten Eier aus den anderen Nestern die Gelege ergänzen und, falls ein Brutnest dadurch leer wird, dieses

6. Das Huhn

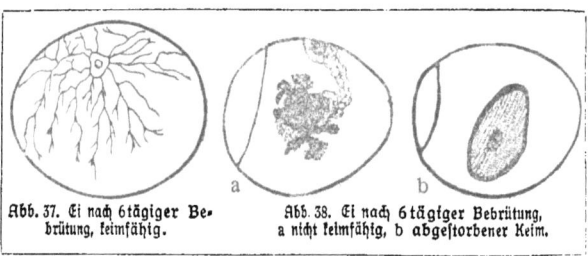

Abb. 37. Ei nach 6tägiger Bebrütung, keimfähig.

Abb. 38. Ei nach 6tägiger Bebrütung, a nicht keimfähig, b abgestorbener Keim.

wieder neu belegen. Es ist nicht angängig, zu den angebrüteten Eiern noch frische zu legen, weil diese dann viel später auskommen und deshalb von der Henne nach beendeter Brut verlassen würden. Ebenso ist es nicht möglich, gleichzeitig Enteneier mit Hühnereiern ausbrüten zu lassen, weil diese ja eine andere Brutdauer benötigen.

Die Brüterin sitzt auch im freien Nest gewöhnlich so fest, daß sie täglich einmal zum Futter und zum Reinigen abgehoben werden muß. Man stellt aber vorsichtshalber das Futter in die Nähe des Nestes, denn gute Hennen haben ihre bestimmte Zeit, zu welcher sie selbst aufstehen. Es wird das gewöhnliche Körner= und Weichfutter, sowie frisches Wasser verabreicht. Muß das Tier abgehoben werden, so soll das täglich zur bestimmten Zeit geschehen. Beim Abheben faßt man das Tier unter die Flügel, damit nicht Eier darunter stecken und herausfallen. Im übrigen läßt man die Henne möglichst in Ruhe. Wenn das Tier genügend gefressen hat, geht es gewöhnlich von selbst ohne weiteres wieder auf das Nest.

Die Brut ist mit dem 21. Tage beendet, bei frischen Eiern auch schon 1 oder 2 Tage früher. Nach dem 22. Tage kommen keine Eier mehr aus, auch verläßt das Huhn meistens das Nest, sobald eine Anzahl Kücken ausgefallen ist. Irgendwelche Hilfe ist beim Ausfallen nicht notwendig; lebenskräftige Kücken durchbrechen die Eischale und es ist dann nur ratsam, die leeren Schalen zu entfernen, damit sie der Henne und den Kücken nicht hinderlich werden. Es wird vielfach angeraten, in der letzten Woche die Eier etwas anzufeuchten, damit die Eihaut nicht vertrocknet und von den Kücken leichter durchgebrochen werden kann. Das geschieht durch Eintauchen der Eier in warmes Wasser von 38^0 C. Die kurz eingetauchten Eier werden unabgetrocknet wieder ins Nest gelegt. Dadurch soll das Absterben der Kücken im Ei verhindert werden. Es ist aber meistens anzunehmen, daß die Lebensschwäche der Küken das Steckenbleiben verursacht und eine derartige Hilfe deshalb nicht unbedingt den sicheren Erfolg verbürgt.

Die Aufzucht der Küken. Wenn die brütende Henne oder Glucke das Gelege ausgebracht hat, bedürfen die Küken die ersten 24 Stunden weiter nichts als der mütterlichen Wärme. Man säubert das Brutnest, belegt es frisch mit Heu oder Stroh und überläßt die Küken der Henne zum Wärmen. Am nächsten Tage wird durch lebhaftes Piepen das Verlangen nach Nahrung kundgegeben. Die kleinen Tierchen wollen oft und gut zu fressen haben. Es darf deshalb den Züchter die Mühe nicht verdrießen, in der ersten Woche alle zwei Stunden die frisch bereitete Mahlzeit den jungen Fressern zu verabreichen. Die Fütterung mit hartgekochtem Ei ist verkehrt und unnatürlich, weil derartiges Futter für den Kükenmagen schwer verdaulich ist. Man gibt vielmehr in süßer Milch erweichte Semmel, die ausgedrückt wird, so daß sie trocken und krümelig wird, ferner geschälte Hirse, Hafer- und Buchweizengrütze, sowie feingewiegtes Grünzeug, z. B. Salat, Brennnesselspitzen, Vogelmiere, überhaupt viel Grünzeug in reichlicher Abwechslung mit dem Trockenfutter. Vorzüglich zur Aufzucht ist Kükengebäck, welches nur mit Wasser oder Milch krümelig angefeuchtet wird.

Dieses Kükengebäck wird folgendermaßen zubereitet: 3 kg feingemahlenes Brot, 1½ kg Hafermehl, 1 kg feines Gerstenschrot, 1 kg Weizenmehl, 1 kg Weizenkleie, 1 kg Maisfuttermehl, 25 Eier, 60 g phosphorsaurer Kalk, 40 g Salz, 10 g doppeltkohlensaures Natron, alles wird trocken gut gemischt und mit 4—5 Litern Milch zur krümeligen Masse verarbeitet. Dann werden flache Kuchen daraus geformt und auf Backblechen scharf gebacken. Die Kuchen sind nach Bedarf zu schroten. Das Futter kann auch trocken verfüttert werden. Reiche Abwechslung im Futter ist gut angebracht. Gekochter Reis, erweichtes Weißbrot, frischer Käsequark, geschälte Hirse, gekochtes und kleingeriebenes Rinderherz, dazu viel kleingeschnittenes Grünzeug, frische süße Milch, reines Wasser bieten reichliche Abwechslung, Insekten, Mehlwürmer, Ameiseneier, Weißwurm u. dgl. sind gleichfalls vorzüglich für die Küken, aber schwer zu beschaffen. Einen vorzüglichen Ersatz dafür hat der Züchter im guten Fleisch- und Fischmehl. Mit gekochten Kartoffeln, gebrühter Kleie, gequellten oder geschroteten Körnern oder Kükenfutter vermischt, ist es auch später für die Jungtiere ein vorzügliches Futter. Die vorher angegebene Fütterung ist nur in der ersten Woche aller zwei Stunden zu wiederholen. Nicht aufgefressenes Futter wird weggenommen oder der Henne überlassen. Diese erhält sonst das übliche Hühnerfutter gesondert verabreicht. In der zweiten Woche wird alle drei oder vier Stunden gefüttert und nebenbei genügend Körnerfutter (Reis, Hirse, trockenes Kückenfutter) zur beliebigen Aufnahme vorgelegt. Sind die Kücken vier Wochen alt, dann nehmen sie auch das übliche Hühnerfutter auf. Abwechslung im

Abb. 39. Trinkgefäß für Kücken.

Futter darf aber niemals fehlen, denn dadurch wird die Nahrungsaufnahme und das Wachstum gefördert. Ein gut und kräftig ernährtes Tier ist widerstandsfähiger gegen Krankheiten. Dabei vergesse man nicht, daß nur frisch und reinlich zubereitetes Futter, welches nicht säuert, sich dazu eignet. Gutes, reines Trinkwasser und frisches Grünzeug darf ebenfalls nicht fehlen. Das Junggeflügel bedarf zu seinem Gedeihen viel Grünfutter. Alle Salatarten, junges Gras, Zwiebelröhrchen, Lauch, Schafgarbe, Hühnerdarm, werden mit Vorliebe genommen, nur muß alles entsprechend zerkleinert werden. In das Trinkwasser gibt man später den mehreren Wochen alten Tieren zur Vorbeuge gegen Durchfall auf den Liter ein ungefähr erbsengroßes Stückchen Eisenvitriol in einer selbsttätigen Trinkeinrichtung aus einem Tonnapf (Abb. 39).

In den ersten Wochen ist es notwendig, bei schroffem Temperaturwechsel die Kücken vor Nässe und Kälte zu schützen, denn diese sind ein schlimmer Feind für sie und die Ursache vieler Krankheiten. Man muß deshalb darauf achten, daß bei freiem Auslauf die Henne mit den Kücken nicht im nassen Gras oder im Regen herumläuft. Deshalb setzt man sie an einen sonnigen, windstillen Ort in den Aufzuchtkäfig (Abb. 40), damit sie sich an den Aufenthalt im Freien gewöhnen. Der Käfig besteht aus einer kleinen Hütte mit abnehmbarem Dach und einem aus engmaschigem Drahtgeflecht hergestellten Laufraum, welcher sich anschließt. Die Größe desselben beträgt ungefähr 2—4 qm. Die Hütte wird auf der Vorderseite mit Stäben abgeschlossen, so daß die Kücken aus- und einschlüpfen können, die Glucke aber darin bleiben muß. Dadurch wird verhindert, daß die Glucke das Futter der Kücken wegfrißt, wenn es in den Auslauf gestellt wird. Dieser Käfig hat den Vorteil, daß man ihn beliebig versetzen und gründlich reinigen kann. Man hält nur eine Glucke mit ihren Jungen darin und verhütet dadurch allerlei Unglücksfälle, die sonst bei dem Zusammensein mit anderem Geflügel entstehen können.

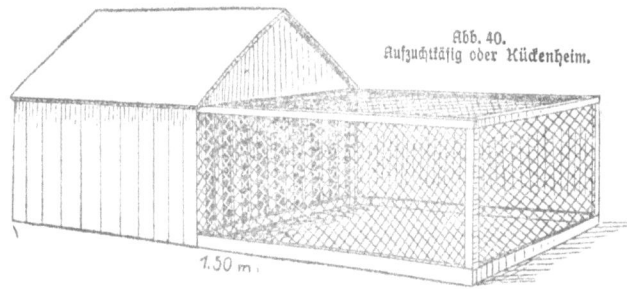

Abb. 40.
Aufzuchtkäfig oder Küchenheim.

Auch das Wegholen der Küchen durch Raubvögel wird verhindert. Dieses Küchenheim kann sich jedermann aus einer Kiste selbst herstellen.

Sind die Küchen 2—3 Monate alt und selbständig geworden, dann werden sie wie das übrige Geflügel gehalten. Doch gebe man den Jungtieren stets gesonderte Ställe, weil sie sonst von den älteren angefeindet werden. Sehr gefährlich wird bei den Küchen der Durchfall. Er endet meistens mit dem Tod. Ein anderes Mittel als gute Fütterung, Reinlichkeit im Auslauf, Stall, gutes Trinkwasser und Schutz vor übergroßer Sonnenhitze gibt es nicht. Dann vermeide man vor allem die Übervölkerung des Auslaufes, das Zusammensperren vieler Küchen in einem Aufzuchtkäfig. Diese Fehler werden meistens die Ursache zum Küchensterben. Man sorge für einen trockenen, mit reinem Sand bestreuten Boden, für gute Luft, öfteres Abkehren des Kotes, Reinhaltung der Futtergefäße, für Lüftung der Stallungen tagsüber, solange die Hühner sich im Freien befinden. Wiederholtes Ausweißen der Ställe oder Auswerfen mit Kalkstaub nimmt den üblen Geruch und verhindert die Ansammlung von Krankheitskeimen und Ungeziefer. Die Tatsache, daß Krankheiten leichter verhütet als geheilt werden, findet auch bei der Geflügelzucht vollkommene Bestätigung.

Das Kennzeichnen des Jung=Geflügels, um es nach dem Alter und der Abstammung unterscheiden zu können, geschieht durch Fußringe, welche aus Metall (Kupfer, Aluminium) oder farbigem Zelluloid hergestellt und mit Nummern, Monats= und Jahres= zahlen versehen werden. Sie sind den Tieren anzulegen (Abb. 41), sobald diese drei Monate alt und die Ständer dick genug geworden sind, so daß die Ringe nicht mehr ab= gleiten nud verloren gehen können.

Abb. 41. Anstecken des Fußringes.

6. Das Huhn

Die künstliche Brut wird angewendet, wenn die Erbrütung einer größeren Kückenzahl beabsichtigt ist und nicht genügend Glucken vorhanden sind. Denn man kann zu jeder Zeit künstlich brüten. Es sind dazu gutbefruchtete Eier von sachgemäß gehaltenen Tieren notwendig, um ein gutes Ergebnis zu erzielen. Das Erbrüten der Eier geschieht in einem Brutapparat, auch Brutmaschine oder Brüter genannt. Es gibt Luftbrüter und Wasserbrüter. Bei den Luftbrütern erfolgt die Bebrütung durch erwärmte Luft, bei den Wasserbrütern durch warmes Wasser, welches Röhren durchläuft, die über den Eiern lagern. Die Erwärmung der Luft oder des Wassers geschieht durch Petroleumlampen, Gas und elektrischen Strom. Wo Petroleum und Gas fehlen, ist der elektrische Brutapparat angebracht, wenn der Anschluß an eine Lichtleitung möglich ist. Der Stromverbrauch ist verhältnismäßig gering. Die Brutapparate werden in verschiedener Größe für 30—100 und mehr Eier hergestellt. Die Wahl einer bestimmten Größe wird deshalb durch die beabsichtigte Ausdehnung des Brutbetriebes bestimmt. Einen „besten" Brutapparat gibt es nicht. Es sind vielmehr alle Bauarten, welche in Deutschland hergestellt werden, brauchbar, wenn man sich mit der Eigenart derselben vertraut gemacht hat. Es ist ein großer Irrtum, anzunehmen, daß die Leistung der Maschine nur vom Fabrikat abhängt; es gehört vor allem auch die sorgfältige Bedienung und Abwartung und die nötige Beachtung und Erfahrung in der künstlichen Brut dazu. Eine genaue Gebrauchsanweisung wird jedem Apparat beigegeben.

Die Aufstellung des Brutapparats kann in jedem Raum, der lüftbar und nicht zu kalt ist, geschehen. Ein Zimmer mit der Lage nach Süden ist im Winter am zweckmäßigsten, doch soll es keinen Erschütterungen durch den Wagenverkehr auf der Straße ausgesetzt sein. Die Bruteier müssen frisch, d. h. nicht über acht Tage alt sein. Von auswärts bezogene Eier sind erst einige Tage zu lagern, damit der Inhalt wieder in die richtige Lage kommt. Dann sind die Eier durch Waschen von anhaftendem Schmutz zu säubern. Die Brutmaschine setzt man einige Tage vor dem Belegen mit Eiern in Betrieb, damit sie genügend durchwärmt ist und Temperaturschwankungen später nicht mehr vorkommen. Außerdem sind auch die Wasserkästen anzufüllen und die Durchlüftung zu prüfen. Bei guten Apparaten sind irgendwelche Fehler bei der Durchlüftung kaum vorhanden. Der Wärmeregler, die Thermometer und Feuchtigkeitsmesser sind ebenfalls auf

Künstliche Brut

ihre Brauchbarkeit zu untersuchen. Petroleumlampen sind mit neuen Dochten zu versehen. Bei Leuchtgas ist die Leitung auf den Druck zu prüfen und nötigenfalls eine genau arbeitende Regelung anzubringen. Die gereinigten Eier werden dann, sobald die Maschine in Ordnung ist, in die Eierlade gelegt, nachdem man die Eier vorher auf zwei gegenüberliegenden Seiten mit einem + und 0 bezeichnet hat. Man legt die Eier mit dem gleichen Zeichen nach oben ein, gibt auch noch eine gewisse Überzahl mit in die Schublade, um den späteren Ausfall an unbefruchteten Eiern ausgleichen zu können. Denn das nachträgliche Zulegen von frischen Eiern ist nicht angängig, um das ungleiche Ausschlüpfen der Rücken zu verhüten. Unter sorgfältiger Beachtung der Wärmegrade, die nun infolge der kühlen Eier zurückgehen, werden die Eier vorerst zwei Tage bebrütet. Am dritten Tage nimmt man die Lade mit den Eiern aus dem Apparat und läßt sie 10 Minuten abkühlen. Dieses Kühlen wird täglich zur bestimmten Zeit bis zur Beendigung der Brut vorgenommen. Das Lüften der Eier ist notwendig, damit ihnen der unentbehrliche Sauerstoff zugeführt wird. Am 3. Tage sind die Eier zu verlegen, wobei die am Rande der Lade liegenden nach innen und die in der Mitte an den Rand gebracht werden. Dieses Verlegen ist bei jedesmaligem Kühlen vorzunehmen. Vom 5. Tage ab werden die Eier auch gewendet, d. h. so umgekehrt, daß jetzt das andere Zeichen (0) nach oben zu liegen kommt. So müssen bis zum 17. Tag jetzt auch beim Kühlen die Eier täglich gewendet werden, dann aber nicht mehr. Vielfach wird angegeben, das Wenden täglich zweimal vorzunehmen, und zwar das zweite Mal am Abend, wobei das Abkühlen möglichst zu vermeiden ist. Die verschiedenartigen Angaben in den Gebrauchsanweisungen der Brutapparate beweisen aber, daß es nicht unbedingt notwendig ist. Es ist auch nicht durchaus erforderlich, das Ei vollständig umzukehren, es genügt die Viertelumdrehung. Am 17. Tage wird das Ei wieder so gelegt, wie es am ersten Tage lag, also mit dem + nach oben. Die Hauptsache ist, für genügend Luftfeuchtigkeit im Apparat zu sorgen, wobei auf die Eigenart der Eier Rücksicht genommen werden muß. Hühnereier brauchen 45—55% Luftfeuchtigkeit, die man am besten durch Einlegen eines Haar-Hygrometers nachprüfen kann. Die Bruttthermometer müssen bis auf Bruchteile eines Grades genau geprüft sein. Man legt am besten mehrere Thermometer auf die Eier, um gleichzeitig die Unterschiede in der Wärme am Rande und in der Mitte der Lade feststellen zu können. Die Brutwärme beträgt in der ersten Woche 39°, in der zweiten Woche 39½° und in der dritten Woche 40° C.

Am 6. oder 7. Tage nach der Bebrütung werden die Eier durchleuchtet, um die Befruchtung zu ermitteln. Die schlechtbefruchteten Eier und solche mit abgestorbenen Keimen sind auszuscheiden und durch die überzähligen zu ergänzen. (Siehe Abb. 38.) Schließlich werden nach 12—14 Tagen die Eier nochmals vorsichtshalber geprüft, weil die abgestorbenen Eier bei der Bebrütung sehr schnell in Fäulnis übergehen und die Luft verderben. Die Bebrütung ist jetzt sehr deutlich ersichtlich durch die größer gewordene Luftblase (Abb. 42) und durch die starke Aderung des Ei-Inhaltes, so daß auch der Ungeübte ein lebensfähiges Ei von einem schlechten ohne weiteres unterscheiden kann.

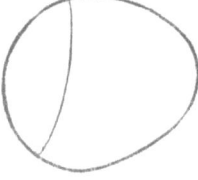

Abb. 42. Vergrößerung der Luftblase am Ende der Brutzeit.

Vielfach nimmt man noch am 17. Tage eine Prüfung vor, da ja noch nachträglich Keime abgestorben sein können. Die letzten Tage muß reichlich gelüftet werden, weil bei der zunehmenden Entwicklung des Kückens im Ei auch mehr Sauerstoff verbraucht wird. Am 17. Tage werden die Eier in 38- bis 40 grädiges Wasser getaucht und wieder in die Lade zurückgelegt. Am 20. Tage sind die meisten Eier schon angepickt, und jede weitere Hilfe ist dabei überflüssig. Nur rechtzeitiges Kühlen und genaue Einhaltung der Wärme sowie der Luftfeuchtigkeit sind die Hauptbedingungen. Das Kücken sprengt die Eischale und fällt dann aus. Die Kücken nimmt man aus der Eischublade und setzt sie in den oberen Wärmeraum des Apparates, damit sie trocken werden. Vielfach wird ein besonders geheiztes Kückenheim bereit gehalten, wenn ein Kückenkasten im Apparat selbst nicht vorhanden ist. Nach dem 22. Tage ausgefallene Kücken sind meistens sehr schwächlich und gehen gewöhnlich ein. Das Steckenbleiben der Kücken im Ei ist beim künstlichen Brüten meistens auf zu trockene Luft, ungenügende Durchlüftung oder Kühlung der Eier während der Brut oder auch auf Lebensschwäche des Kückens zurückzuführen.

Die weitere Behandlung des Kückens ist die gleiche wie die bei der natürlichen Brut. Die ersten 24 Stunden brauchen die Kücken nur genügend Wärme. Man setzt sie in ein heizbares Kückenheim, dessen wärmster Raum 30° C aufweist. Das Kückenheim besteht aus drei Abteilungen: dem Innenraum mit der Heizung, die ebenfalls

Schlachtgeflügelzucht

durch eine Petroleumlampe, Gasflamme oder durch elektrische Lampen geschieht; dem Vorraum, der sich gleich anschließt und durch einen wollenen Vorhang vom Vorraum getrennt ist, und dem Auslauf, der in der Fortsetzung des Vorraumes ebenfalls durch einen Vorhang abgegrenzt wird. Er kann beliebig groß sein und ist durch mit engmaschigem Drahtgeflecht bespannte Rahmen abgegrenzt. Diese Kückenheime werden meistens von den Fabriken für Brutapparate zweckmäßig hergestellt, können aber für den Kleinbetrieb auch selbst erbaut werden. Die Größe hängt ausschließlich von der Anzahl der aufzuziehenden Kücken ab.

Die Fütterung der künstlich erbrüteten Kücken geschieht in derselben Weise wie die der natürlich erbrüteten.

Die Schlachtgeflügelzucht. Zur Zucht auf Fleischgewinnung eignet sich nur ein Fleischhuhn z. B. das Mechelner, das Lachshuhn, das Nassauer Masthuhn. Von diesen Hühnern lassen sich die Kücken schon durch reichliche Fütterung in 12 Wochen schlachtreif machen. Sie werden künstlich erbrütet und im Kückenheim aufgezogen. Im Alter von 5—6 Wochen werden sie durch reichliche Fütterung mit Mastfutter zum höchstmöglichen Wachstum gebracht. Man setzt die Tierchen in geheizten Räumen in kleine Käfige und füttert einen Brei aus Buchweizen, Mais- oder Gerstenschrot, der mit saurer oder süßer Magermilch angerührt und mit gekochten Süßwasserfischen und frischem Knochenschrot vermengt wird. Die Fütterung muß regelmäßig alle 2—3 Stunden geschehen, und das Futter muß jedesmal frisch zubereitet werden. Auf größte Reinlichkeit der Ställe, die durch Einstreu mit Torfmull sauber zu halten sind, ist besonders zu achten. Ebenso muß eine zugfreie Durchlüftung des Raumes täglich stattfinden. Die Kücken werden bei einer derartigen Fütterung in 6 Wochen schlachtreif und wiegen durchschnittlich 300—400 g.

Diese Kückenmast ist hauptsächlich in der Hamburger Gegend üblich, wo die Beschaffung frischer Süßwasserfische möglich ist. Als Hamburger Kücken gehen sie dann an die Feinkosthandlungen der Großstädte und finden dort guten Absatz. Die Hamburger Kückenmast wird im Winter betrieben. Die Grundbedingung dieser Mast ist: Das Futter muß billig zu beschaffen sein, und die Pflege darf keine besonderen Unkosten verursachen. In Hamburgs Umgegend besorgen die Kleinbesitzer diese Fleischerzeugung im Nebenbetrieb. Händler kaufen die gemästeten Tiere auf und bringen sie geschlachtet zum Absatz.

Größeres Mastgeflügel wird durch die Aufzucht der Kücken bis zum Alter von 4—6 Monaten erreicht. Es ist selbstverständlich, daß auch dazu nur eine auf Fleischerzeugung gezüchtete Rasse verwendet werden kann. Die Kücken werden anfangs auf beschränktem Raume gehalten und mit dem üblichen Körner- und Weichfutter genährt. Wenn sie die erforderliche Größe erreicht haben, steckt man sie einige Wochen in Käfige und füttert sie nun besser mit Mastfutter, welches dem bei der Hamburger Kückenmast verwendeten ähnlich ist. Von dieser Zwangsmast im Käfig kann auch abgesehen werden. Man füttert dann die Hühner, da sie ja ohnedies auf beschränktem Raume gehalten werden, täglich so reichlich, daß sie in kurzer Zeit das gewünschte Körpergewicht haben. Das Abschlachten muß vor der Umfiederung geschehen, sonst geht der Fleischansatz wieder verloren. Stehengebliebenes Futter muß bei der Mast stets sofort entfernt werden, damit es nicht säuert und schlecht wird. Bei dieser Fütterung wird gleichzeitig auch reichlich Grünfutter gegeben, außerdem statt Wasser öfters Magermilch. Die Mast ist nur dann einträglich, wenn die nötigen Futtermittel aus eigener Wirtschaft gewonnen werden und für die Besorgung der Tiere keine weiteren Ausgaben entstehen.

Die Gewinnung von Kapaunen und Poulets durch Verschneiden der Tiere ist im allgemeinen nicht mehr üblich. Es hat sich herausgestellt, daß es vollständig genügt, wenn die Kücken rechtzeitig nach Geschlechtern getrennt und gesondert gehalten werden. Das Verschneiden selbst ist eine Operation, die auch Sachverständigen nicht immer gelingt und sehr leicht große Verluste bringt. Außerdem gilt es auch als nutzlose Tierquälerei, die besonders von den Tierschutzvereinen bekämpft wird. Man kann ganz gut darauf verzichten und hat dann die Gewißheit, daß die Tiere ohne Benachteiligung ihrer Gesundheit weiterwachsen.

Die Zucht auf Eiergewinnung. Der größte Nutzen, auf den sich vorzugsweise alle Hühnerzüchter und -halter einrichten, ist die Eiergewinnung. Die Legetätigkeit des Huhnes wird durch die Abstammung von einer gutlegenden Rasse, dann von der richtigen Aufzucht, der ausreichenden Fütterung und guten Pflege beeinflußt. Man muß schon bei der Auswahl der Tiere oder Bruteier darauf achten, daß sie von einer gutlegenden Rasse abstammen. Die Zucht auf Leistung ist der einzige Weg, um neben geeigneter Fütterung und Haltung einen einträglichen Stamm von Hühnern zu erzielen. Für den Züchter auf Eiererzeugung ist es deshalb wichtig, von seinem Hühnerstamm die besten Legerinnen zu ermitteln und nur von diesen die Bruteier zu verwenden. Alle schlechtlegenden Hühner sind beizeiten auszuschalten, weil sie nicht allein weniger Eier bringen, sondern auch durch die geringere Legetätigkeit den Nutzen der Hühnerhaltung herunterdrücken. Das schlechtlegende Huhn muß genau so gut gefüttert werden wie das gutlegende. Es ist für den Verdienst nicht gleichgültig, ob ein schlechtlegendes Huhn im Jahr nur 60, ein gutlegendes aber 120 Eier bringt; denn bei der Berechnung des Nutzens fällt diese Mehrleistung sehr ins Gewicht. Die Durchschnittsleistung der Hühner kann unter solchen Umständen so weit heruntergedrückt werden, daß sich die Hühnerhaltung nicht mehr lohnt.

Die Ermittelung der Legetätigkeit und der Eierzahl im Jahre geschieht durch das **Fallennest** (Abb. 43). Dasselbe ist ein Legenest, welches beim Betreten sich schließt und das eingegangene Huhn so lange festhält, bis es durch den Züchter wieder aus der Gefangenschaft befreit wird. Das einfachste Fallennest zeigt die Abb. 43. Die Türe wird durch ein Stäbchen oder ein Leistchen hochgehalten. Beim Betreten streift das Huhn die Türe und das Leistchen fällt um, so daß sie sich schließt. Jedes Huhn wird mit einem numerierten Fußring (siehe Abb. 41) oder einer Flügelmarke gekennzeichnet. Im Legestall ist ferner eine Legeliste vorhanden, die sich über das ganze Jahr erstrecken kann. Jedes gelegte Ei wird durch einen Strich an dem betreffenden Tag und Monat eingetragen, von jedem Huhn ist die Nummer auf der Liste vermerkt, so daß am Schlusse des Monats und Jahres durch Zusammenzählen sofort ersichtlich ist, wieviel und in welchen Monaten Eier gelegt wurden. Auf diese Weise ist neben der Legetätigkeit die eigentliche Legezeit festzustellen, so daß bei der Auswahl der Zuchttiere auch dieser Umstand berücksichtigt werden kann und Winter- oder Frühjahrsleger zu unterscheiden sind.

Der Fallennesterbetrieb mag manchem Züchter zu umständlich erscheinen. Er ist aber zweifellos das beste Mittel, um die Leistungszucht zu ermöglichen. Für die Auswahl von Bruteiern ist zu beachten, daß gutlegende Hühner bei fortdauernder Legezeit meistens **schlecht befruchtete oder Eier mit lebensschwachen Keimen liefern**. Ein Huhn, das den ganzen Winter über gelegt hat, ist im Frühjahr mit seiner Leistungsfähigkeit zu Ende und die davon abstammenden Bruteier geben dann gewöhnlich einen großen Ausfall an unbefruchteten

6. Das Huhn

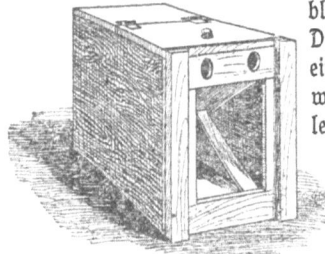

Abb. 43. Fallenneſt.

Eiern oder nicht lebensfähigen Küken, die meiſtens ſchon im Ei ſtecken bleiben oder nach kurzer Zeit eingehen. Die Leiſtungszucht kann alſo nicht über ein beſtimmtes Maß hinaus geſteigert werden. Hennen, die mehr wie 150 Eier legen, ſind Ausnahmen, die ſich meiſtens für die Weiterzucht aus dieſem Grunde gar nicht eignen. Wo der Verkauf von Bruteiern beabſichtigt iſt, muß man deshalb ganz beſonders auf dieſen Umſtand Rückſicht nehmen.

Eierkonſervierung. Als beſte Zeit zum Einlegen oder Konſervieren gelten die Sommermonate hauptſächlich nach der Getreideernte, weil angeblich dieſe Eier wohlſchmeckender und haltbarer ſind wie Frühjahrseier.

Die Eierkonſervierung geſchieht bei größeren Mengen durch Einlegen in Kalkmilch. Zum Einlegen in Kalkmilch verrührt man 3—6 kg gelöſchten Kalk mit 50 l Waſſer vollſtändig und gießt dann die Miſchung über die in einem Fäßchen oder Steinguttopf eingeſchichteten Eier, ſo daß ſie vollſtändig von der Löſung bedeckt ſind.

Das Einlegen in Waſſerglaslöſung: Man gießt auf 1 l Waſſerglas 9 l Waſſer und rührt die Miſchung tüchtig um, da das Waſſerglas ſchwerer iſt als das Waſſer und ſonſt zu Boden ſinkt. Die Eier werden in einen Steintopf gelegt und mit der Löſung übergoſſen, ſo daß ſie völlig bedeckt ſind. Man kann friſche Eier einlegen, indem man natürlich die Löſung nach Bedarf vermehrt, auch bei ſtarker Verdunſtung Waſſer nachgießt. Die Aufbewahrung geſchieht am beſten in einem luftigen Keller. Der Geſchmack wird durch das Waſſerglas nicht beeinträchtigt; daher kann man ſie nach vielen Monaten noch zu jedem Gebrauch verwenden. Das Waſſerglas verſtopft aber die Poren der Eiſchale; kocht man ein ſolches Ei, ſo kann die Luft aus dem Innern nicht entweichen, und es platzt. Um dieſes zu verhüten, macht man vor dem Kochen mit einer Nadel am ſtumpfen Ende einige Löcher in die Schale. Das Waſſerglas wird zu einer gallertartigen Maſſe und läßt ſich zum zweiten Male nicht verwenden. Das Verſtopfen der Eiporen läßt ſich auf folgende Weiſe verhindern. Vor dem Einlegen in die Waſſerglaslöſung wird jedes Ei in eine blutwarme Löſung, die aus 150 g Bitterſalz und 2 Meſſerſpitzen voll Gips und $\frac{1}{2}$ l Waſſer hergeſtellt wird, eingetaucht. Es lohnt ſich, dieſe kleine Mehrarbeit auszuführen, denn die Eier erhalten ſich im Geſchmack und Ausſehen tadellos, laſſen ſich auch wie friſche verwenden.

Geflügelkrankheiten. Die nachſtehenden Krankheiten ſind mit wenigen Ausnahmen allen Geflügelarten eigen und weichen in den Kennzeichen, den Urſachen und der Behandlung kaum weſentlich voneinander ab. Das Abſchlachten erkrankter Tiere iſt das beſte Mittel zur

Beseitigung der Krankheit, damit wenigstens das Fleisch noch zu verwerten ist. Mit Ausnahme der seuchekranken Tiere kann es nach gutem Durchkochen oder Braten genossen werden. Vorbeugen durch zweckmäßige Haltung und Fütterung ist jedenfalls vorteilhafter, wie eine Krankheit zu heilen. Die Desinfektion der Ställe usw. geschieht bei Seuchen mit heißem Wasser, frischgelöschtem Kalk oder 5%iger Bazillol- oder 2%iger Schwefelsäurelösung oder Sodalauge (1 kg Soda auf 50 l Wasser).

Durchfall der Küken. Kennzeichen: dünnflüssiger Kot, Hinfälligkeit und Eingehen der Tierchen. Ursache: Erkältung, ungenügende Wärme, nasses, kaltes oder sauer gewordenes Futter. Behandlung: Beseitigung der Ursachen, Warmhaltung, Trockenfütterung mit Hirse, Bruchreis, gequetschtem Hafer, Weizenschrot; abgekochtes Wasser oder Tee von Kamille, Zinnkraut, Salbei als Getränk; Reinhaltung des Auslaufes.

Durchfall bei erwachsenen Tieren. Gleiche Kennzeichen, gleiche Ursachen, hauptsächlich verdorbenes, verschimmeltes Futter. Gegenmittel in Rotwein oder Kognak getauchtes Brot, kleine Gaben Tannalbin.

Geflügelcholera. Kennzeichen: mangelnde Freßlust, gesträubtes Gefieder, blaue Flecken am Bauch, starker, übelriechender Durchfall (erst weißgelb, später grün), Krämpfe, Massensterben der Tiere nach wenigen Stunden oder innerhalb weniger Tage. Ursache: Ansteckung durch fremdes Geflügel, besonders zugekauftes aus fremden Ländern. Behandlung: zwecklos. Die Seuche ist anzeigepflichtig. Abschlachten aller Tiere, kranke sind zu verbrennen, Ausläufe zu desinfizieren, umzugraben, Ställe und Futtergeschirre gründlich zu reinigen. Vorläufig kein Geflügel halten. Anordnungen des beamteten Tierarztes befolgen.

Diphtherie. Kennzeichen: Atemnot, Röcheln, Entzündung des Rachens, gelber Belag, Augenentzündungen mit Schwellung und Eiterbildung, verminderte Freßlust, Tod. Ursache: Ansteckung durch Diphtheriebakterien nach Erkältung, Übertragung durch fremde Tiere. Behandlung: warmer Stall, Absondern gesunder Tiere, Einpinseln des Rachens mit Zitronensaft, Jod- oder Teervasogen, Eingeben von Schmierseife, um den Belag zu beseitigen. Starkerkrankte Tiere abschlachten. Gründliche Desinfektion von Stall, Geräten und Auslauf.

Maulschwamm der Tauben ist Diphtherie.

Schnupfen, Pips, Zipf. Kennzeichen: entzündete geschwollene Nasenschleimhaut, Ausfluß, Atemnot. Ursache: Erkältung, zugiger Stall, naßkaltes Wetter. Behandlung: trockener, warmer Stall, warmes Futter, Einpinseln mit 3%iger Alaunlösung.

Kammgrind, weißer Kamm (Abb. 44). Kennzeichen: schimmelartiger Belag des Kammes, Federnausfall bei Ausbreitung auf Kopf und Hals, Durchfall, Tod. Ursache: Ansteckung durch Übertragung eines Pilzes. Behandlung: wiederholtes Abwaschen mit warmer 2%iger Formalinlösung; Desinfektion der Futtergefäße, Ställe, Ausläufe.

Kropfkrankheit, weicher Kropf. Kennzeichen: Unverdaulichkeit des weichen Inhalts, Auftreibung, Gasentwicklung mit üblem Geruch, Ausstoßung grünlicher Brühe aus dem Schnabel. Ursache: Katarrh der Kropfschleimhaut, durch kaltes Wasser, verdorbenes, saures gärendes Futter. Behandlung: Herausstreichen des Kropfinhalts beim Halten des Tieres mit dem Kopf nach unten, Hungernlassen, auf 100 g Pfefferminztee 5 Tropfen gereinigte Salzsäure, davon öfter eingeben.

Harter Kropf. Kennzeichen: Überfüllung, Verhärtung und Senkung des Kropfes. Ursache: schwerverdauliche Körner und unverdauliche Stoffe, Verlegung des Magenzuganges. Behandlung: Aufschneiden der Kropfhaut nach sorgfältiger Federbeseitigung und Reinigung; Entfernung des Kropfinhalts, Ausspülen mit 4 %igem Borwasser, Vernähen der Wunde und Verstreichen mit Kollodium, 8 Tage lang Weichfutter, bis zur Verheilung, etwas doppeltkohlensaures Natron ins Trinkwasser.

Abb. 44. Kammgrind.

Verstopfung. Kennzeichen: Auftreibung des Hinterleibes, Gefiedersträuben, Drängen beim Kotabsetzen, Niederhocken, Appetitlosigkeit. Ursache: hitziges Futter, ungenügend Wasser, Fremdkörper, Eingeweidewürmer. Behandlung: Beseitigung der Kotmassen mit eingeölter Drahtschleife (Haarnadel), Einspritzen von Seifenwasser oder Öl, kleine Gaben Rhabarber, Rizinusöl, reichlich Grünfutter.

Beinschwäche. Kennzeichen: Verkrümmung der Beine und des Brustknochens, Schwäche der Flügelknochen. Ursache: Mangel an Kalksalzen im Futter. Behandlung: Verfüttern von phosphorsaurem Kalk im Weichfutter und frischem Knochenschrot, Körner- und Fleischfutter.

Bürzeldrüsenentzündung oder Darre. Kennzeichen: Entzündung und Vereiterung der Bürzeldrüse. Ursache: Verzögerung der Mauser bei durch schlechte Ernährung heruntergekommenen Tieren (Abzehrung). Behandlung: Aufschneiden und Entleeren der Drüse, Auswaschen mit 2 %iger Kreolinlösung, Bestreichen der Wunde mit Kollodium und der entzündeten Stelle mit Vaseline.

Eileiter- und Darmvorfall. Kennzeichen: nach dem Legen und nach langanhaltenden Durchfällen Heraushängen des Mastdarmes. Ursache: Erschlaffung des Schließmuskels und Darmes beim Legen großer Eier. Behandlung: Abwaschen des heraushängenden Teiles mit schwacher Alaunlösung, Einölen und Zurückschieben, knappe, reizlose Fütterung, teilweises Umnähen der Kloakenöffnung.

Gicht. Kennzeichen: Verdickung der Gelenke, Anschwellung zu Knoten, die später aufbrechen und graugelben Inhalt zeigen. Abmagern und schlechtes Stehen der Tiere, Blutarmut, Durchfälle. Ursache: Ablagerung von harnsauren Salzen in den Gelenken, zu eiweißreiches Futter. Behandlung: Aufschneiden der breiartig sich anfühlenden Knoten, Entleeren und sauberes Auswaschen mit 2 %igem Kreolinwasser. Eine Messerspitze künstliches Karlsbader Salz ins Trinkwasser.

Hühnerpest. Kennzeichen: ähnlich wie bei der Geflügelcholera, blauroter Kamm, Ausfluß von grauem Schleim aus dem Schnabel, dünnflüssiger, übelriechender Kot, Krämpfe. Ursache: Ansteckung durch den Krankheitserreger der Hühnerpest. Behandlung: nutzlos. Anzeigepflicht und Ausführung der amtstierärztlichen Verordnungen.

Pocken oder Warzen. Kennzeichen: ansteckender gelbroter oder graubrauner Hautausschlag mit warzenartigen Wucherungen an der Schnabelwurzel und dem Augenlidrand. Ursache: Gregarinen (kleine Lebewesen), welche in die Schleimhautzellen eindringen. Behandlung: Abschneiden der Warzen, Betupfen der Wunde mit reiner Schwefelsäure.

Vergiftungen. Kennzeichen: Krämpfe, Lähmungen, blutiger Durchfall, schneller Tod, je nach dem Gifte verschieden. Ursache: Aufnahme giftiger Stoffe. Behandlung: richtet sich nach dem Gift durch Eingeben des Gegenmittels.

Wunden sind durch sorgfältiges Auswaschen mit 2%iger Lysollösung und Verkleben mit Heftpflaster zu heilen.

Frostschäden an Kämmen und Beinen. Kennzeichen: Blaß- und Schlappwerden des Kammes, später Schwarzwerden der erfrorenen Zehen. Ursache: große Kälte. Behandlung: Abreiben mit Schnee und Einreiben mit Frostsalbe wirkt nur anfangs. Abschlachten. Zur Vorbeuge: Einreiben mit Vaseline, Öl oder Lanolin, Schutz vor Kälte.

Fehler und Unarten.

Um das Eierverlegen zu verhüten, sorge man zuerst für ungezieferfreie, dunkle Nester, in denen die Hühner unbehelligt sitzen und ihre Eier ablegen können. Auf je zwei, höchstens drei Hennen muß ein Nest vorhanden und mit einem Nestei versehen sein. Hat man eine Henne als Verlegerin erkannt, so ist diese vor dem Öffnen des Stalles zu befühlen und, falls sie ein Ei bei sich hat, unter Verabfolgung von Futter und Wasser so lange eingesperrt zu halten, bis sie gelegt hat. Dies muß längere Zeit wiederholt werden. Gewöhnt sich trotzdem das Tier nicht an ein bestimmtes Nest, so ist das Verfahren ständig fortzusetzen oder das Tier zu schlachten.

Federnfressen. Bei Hühnern, die freien Auslauf haben, wird man diese Ungezogenheit selten bemerken; am meisten zeigt sie sich bei den in Höfen eingeschlossenen; außerdem mehr im Winter und im zeitigen Frühjahr. Die Hühner treibt ein Bedürfnis nach Stoffen, welches sie durch das Fressen von Federn befriedigen wollen. Auch die Langeweile in kleinen Ausläufen ist mit schuld an solcher Unart. Um diesem Übel vorzubeugen, soll man den Hühnern reichlich Grünfutter mit Fleischnahrung und Knochenschrot verabreichen, auch Körner aber in Häcksel streuen, wodurch die Hühner zum Scharren genötigt werden. Gelingt es, den ersten Übeltäter zu ermitteln, so schlachte man ihn ab; denn hat sich das Übel erst eingebürgert, so ist es nicht wieder auszurotten. Die Federn mit Fischtran oder einem Absud von Aloe zu bepinseln, ist ein Vorschlag, der nur bei einem ganz kleinen Hühnerbestand ausführbar erscheint und auch nicht immer zu empfehlen ist.

Eierfressen. Um dem Übel abzuhelfen, sind den Hühnern Kalk, Mauermörtel, Sepiaschale, dann täglich frische, rohe, ganz feingeschrotete Knochen und ab und zu auch frisches, unverdorbenes Fleisch zu geben, wenn die Hühner nicht Insekten selbst suchen können. Ferner hat man die Eier nach dem Legen sofort wegzunehmen und durch Holz-, Gips- oder Porzellaneier zu ersetzen. Aufstellen eines selbsttätigen Legenestes, in welchem das Ei verschwindet.

Ungeziefer.

Kalkbeine (Abb. 45). Kennzeichen: dicke, schorfige Borken, welche unter den Beinschuppen hervorquellen. Ursache: Grabmilbe, welche durch Einnisten eine Entzündung der Beinhaut mit Ausscheidungen veranlaßt. Behandlung: Einreiben mit Schmierseife und warme Fußbäder, um die Borke abzuweichen. Dann Einreiben mit Schwefelsalbe, Styrax oder Jodtinktur.

Abb. 45. Kalkbein.

Luftröhrenwürmer. Kennzeichen: Niesen, Husten, Schleimabsonderung, Erstickungsanzeichen. Ursache: kleine, weiße Würmer, die sich in größerer Zahl in der Schleimhaut des Halses festsaugen und jungen Tieren besonders lästig fallen. Behandlung: Einpinseln des Rachens mit Zitronensaft, Terpentinöl, Eingeben von feingeschnittenem Knoblauch.

Federlinge, Läuse. Kennzeichen: Unruhe des Tieres während der Nacht, Knabbern im Gefieder, abgefressene Federfahnen, Verlust der Federn am Hals. Ursache: Federlinge, kleine Insekten, welche Juckreiz verursachen und von den Federn fressen. Behandlung: gründliche Reinigung der Ställe und Sitzstangen, Eintäuben der Hühner mit gemahlenem Schwefel und Insektenpulver in Mischung, Aufstellen eines Staubbades zum Puddeln.

Milben. Kennzeichen: die gleichen wie bei Federlingen, struppiges Gefieder, Federnausfall am Kopf und Hals, Blutarmut und Abmagerung. Ursache: kleine punktförmige Schmarotzer, welche Blut saugen; für Jungtiere gefährlich. Behandlung: wie vorstehend. Einreiben des Kopfes mit verdünntem Anisöl.

Spul- und Bandwürmer. Kennzeichen: Abmagern bei gutem Futter, Tod, Abgang von Würmern oder Gliedern mit dem Kot. Ursache: Aufnahme von Eiern und Gliedern mit dem Futter. Behandlung: Eingeben von wurmwidrigen Mitteln, z. B. frischer Arekanuß, Kamala, Knoblauch, Beseitigung des Kotes, Reinigung des Stalles, Umgraben des Auslaufes.

7. Die Gans.

Die Gänsezucht bedingt unbeschränktes Weideland und Wasser, denn die Haltung auf engbegrenzten Räumen lohnt sich nicht, weil die Fütterung zu teuer wird. Die Gänsezucht ist deshalb in Deutschland nur auf jene Gegenden beschränkt, welche den freien Auslauf auf Niederungswiesen, an Flußläufen, Teichen und Bächen ermöglicht. Der Hinweis, daß alljährlich aus dem Ausland große Mengen Gänse eingeführt werden und man deshalb die Gänsezucht auch bei uns mehr berücksichtigen sollte, hat deshalb nur bedingte Gültigkeit; denn wenn die Vorbedingungen nicht erfüllt werden können, ist die Zucht und Haltung nicht mehr lohnend.

Die Gänserassen und -schläge. Reingezüchtete Gänserassen sind die Emdener, die Pommersche, die Italienische und die Toulouser Gans. (S. Tafel V Abb. 46—48.) Diese hochgezüchteten Rassen haben aber einen großen Teil ihres ursprünglichen Wirtschaftswertes verloren, sie sind entweder auf eine bestimmte Form, ein größeres Körpergewicht und auf eine gewisse Federfarbe gezüchtet, Rassemerkmale, die bei der Nutzzucht meistens wieder verloren gehen, oder aber die Haltung der Tiere aus wirtschaftlichen Gründen überhaupt nicht ratsam erscheinen lassen. Denn hochgezüchtete Tiere verlangen eine besondere Fütterung und Pflege, die bei der Zucht auf Nutzen nicht gewährt werden können. Infolgedessen sind unsere deutschen Landschläge, wie z. B. die gewöhnliche Landgans und die in verschiedenen Gegenden Deutschlands z. B. in Hannover, Oldenburg, in Süddeutschland usw. gehaltenen Nutzschläge vorzuziehen. Deshalb werden sie mit den Rassegänsen vielfach gekreuzt, um eine schwerere Nachzucht zu erzielen.

Deutsche Gänseschläge sind die **Mecklenburger**, die **Probsteier** (Holstein), die **Angelner** (Schleswig), die **Oberlausitzer**, die **Voigtländer** und die **Wetterauer Gans**, die **Elsässer**, die **Oberbayrische** oder **Rieser Gans** und die **Frankengans**. Diese Schläge sind widerstandsfähig, meistens gute Leger, nicht so anspruchsvoll in der Haltung, erreichen aber nicht das hohe Körpergewicht der hochgezüchteten Rassen.

Der Stall. Die Gänse sind am besten in einem luftigen genügend hohen Stall unterzubringen, der nicht warm, aber trocken und mit reichlicher Streu im Winter versehen sein muß; man legt deshalb besondere Ställe an, die eine bequeme Reinigung ermöglichen. Der Boden soll mit Zementbeton gedichtet sein. Zur Einstreu wird Torfmull verwendet und im Winter reichlich Stroh. Gegen Raubzeug, Ratten, Igel und dergleichen muß der Stall gesichert sein, weil nicht allein die jungen, sondern auch die alten Tiere von diesen angefallen

Abb. 49. Gänse- und Entenstall.

werden. Die Gans wehrt sich nicht, sie wird deshalb sehr leicht vom Raubzeug abgewürgt.

Bei der Haltung auf engbegrenztem Raum ist es notwendig, einen größeren Wasserbehälter im Auslauf zu haben, dessen Wasser öfters erneuert wird, damit die Tiere sich auch regelmäßig baden und reinigen können, und die Befruchtung gesichert ist. Gänse mit anderem Geflügel zusammenzuhalten, ist nicht anzuraten, weil die Gänse viel gieriger fressen und auch unverträglich sind. Ebenso ist die Haltung in einem Stall mit anderem Geflügel ausgeschlossen, denn der größere Düngeranfall macht dieses durch die starke Geruchsbelästigung ohne weiteres unmöglich.

Die Fütterung geschieht im Sommer durch Weidegang an Fluß- und Bachläufen, wo die Gänse Gelegenheit finden, den größten Teil ihrer Nahrung durch junges Wiesengras und durch die im Wasser vorhandenen Wasserpflanzen und Insekten u. dgl. zu decken. Die Beifütterung besteht dann in Körnerfutter, Hafer, Gerste, Mais und geringem Weizen. Körnerfutter wird abends gegeben, damit die Gänse sich an den Stall gewöhnen und täglich dahin zurückkehren, während sie tagsüber sich ausschließlich auf der Weide aufhalten. Im Winter füttert man mit kleingeschnittenen Rüben, gekochten Kartoffeln mit Kleie untermengt, zerkleinerten Krautstrünken, gebrühter Kleie, Häcksel und etwas Körnerfutter. Mineralische Stoffe, z. B. scharfer Sand, zerstoßene Eierschalen, kleine Mengen phosphorsaurer Kalk und alter Kalkmörtel dürfen nicht fehlen, ebenfalls ist stets für genügend Trinkwasser zu sorgen.

Die Winterhaltung wird teuer, wenn man das Futter kaufen muß und nicht genügend Abfälle aus der eigenen Wirtschaft vorhanden sind. Es ist deshalb für den Kleinzüchter vorteilhafter, wenn er im

Frühjahr Bruteier oder Gänseküken (Gössel) kauft und diese dann während der günstigen Jahreszeit so weit zur Entwicklung bringt, daß sie im Herbst nur einige Wochen Körnermast brauchen, um schlachtreif zu werden. Je zeitiger die Gans brütet, desto vorteilhafter wird sie für die Haltung, denn sobald das erste junge Grün sprießt, können die Gössel sich zum großen Teil selbst ernähren und bedürfen dann nur des üblichen Beifutters.

Die Zucht. In den Ortschaften, wo die Gänsezucht noch in größerer Ausdehnung betrieben wird, treibt man die Gänse auf eine gemeinsame Weide und läßt sie durch einen Hirten hüten. Die Haltung des Ganters lohnt sich nicht, wenn nur einige Zuchtgänse vorhanden sind, denn im Durchschnitt genügt für 8 Gänse ein Ganter. Bei der gemeinsamen Haltung auf Weideland ist es deshalb üblich, dieser Anzahl entsprechend einige Ganter zu halten. Zur erfolgreichen Begattung ist notwendig, daß Schwimmgelegenheit vorhanden ist, wenn man auf gut befruchtete Eier rechnet. Das einmalige Treten des Ganters genügt, um das ganze Gelege einer Gans zu befruchten. Nur bei den schweren Rassen wird man nicht den gewünschten Erfolg erzielen. Überhaupt läßt die Befruchtung der Eier bei diesen viel zu wünschen übrig, besonders bei den Toulousern.

Ein Zuchtstamm kann 10—12 Jahre gehalten werden, ohne in seiner Leistungsfähigkeit merklich nachzulassen. Es ist nicht ausgeschlossen, daß bei zweckmäßiger Haltung, rechtzeitiger Blutsauffrischung durch Einstellung eines blutfremden Ganters, die Zucht wesentlich verbessert wird. Die beste Leistung erzielt man von mehrjährigen Tieren; einjährige Gänse liefern selten gut befruchtete Eier und bringen auch nur geringe Gelege.

Im Durchschnitt legt die Gans 15—18 Eier in einem Gelege, um dann zu brüten, und im Sommer ein zweites kleineres Gelege zu bringen, das wiederum ausgebrütet wird. Durch Wegnahme der Eier, die man durch Puten oder große Hühnerrassen ausbrüten läßt, kann die Legeleistung gesteigert werden. Die Gänseschläge, die 40 und mehr Eier legen und meistens überhaupt nicht brüten, eignen sich für den Verkauf von Bruteiern oder wo die Erbrütung schon im voraus durch Puten oder schwere Hühnerrassen beabsichtigt ist. Einige Gänserassen, z. B. die Italiener, fangen bereits im Dezember mit dem Legen an. Der Zuchtstamm muß deshalb im November zusammengestellt werden.

Die Brut. Es ist am besten, wenn die Legenester im Stalle vorhanden sind, damit die Gans sich dorthin gewöhnt und ihre Eier nicht verlegt. Zweckmäßig sind kleine Abteile mit ungefähr 1 qm Bodenfläche, die nach drei Seiten durch 1 m hohe Bretterwände abgegrenzt und nach der vorderen Seite offen sind. Diese Seite wird, wenn die Gans brütet, durch eine Gittertüre verschlossen. Die Oberseite ist dann ebenfalls abzudecken, damit der Ganter nicht in die Abteile gelangen und die Gans nicht belästigen kann. Das Nest wird reichlich mit Torfmull angelegt und darauf eine genügende Menge langes Stroh gebracht. Hat die Gans das Legenest angenommen und dort ständig ihre Eier abgelegt, so wird sie es auch zur Brut einrichten. Sie ordnet das Stroh an, polstert das Nest mit den ausgerupften Bauchfedern aus und setzt sich zum Brüten. Die Brutzeit dauert 28—32 Tage. Die Brüterin muß täglich Gelegenheit haben, vom Nest zu steigen, um sich zu reinigen sowie Futter und Wasser aufzunehmen. Beides ist in Trögen vor dem Nest aufzustellen. Wenn mehrere Gänse brüten, werden sie nacheinander gefüttert, damit keine Zwistigkeiten entstehen und dabei die Eier nicht zertreten werden. Überhaupt muß man die Gänse möglichst selbst gewähren lassen und nicht unnötigerweise eingreifen, damit sie ruhig sitzen bleiben. Zu Ende der Brutzeit, besonders bei trockenem Wetter im Frühjahr, ist es gut, wenn die Wände und der Boden mit Wasser besprengt werden, um dem Vertrocknen der Eihaut vorzubeugen und das Auskommen der Gössel zu begünstigen. Erst wenn sämtliche Eier ausgefallen sind, nimmt man die Gans und die Gänseküken vom Nest und erneuert es, während die Tiere gefüttert werden, so daß eine auffällige Störung nicht vorkommt. Gänseeier können auch von Puten, Enten und Hühnern ausgebrütet werden, doch darf man niemals der Gans Eier von anderem Geflügel unterlegen, weil sie bei ihrer Schwerfälligkeit die kleineren Eier sehr leicht zerbricht. Im Durchschnitt legt man der Gans 13—15 Eier, also stets eine ungerade Anzahl, unter Puten 9—11, während bei Enten und den größeren Hühnerrassen 5 Stück ausreichend sind.

Aufzucht. Die Gänseküken verlangen viel junges Grünfutter, z. B. die jungen Triebe von Brennesseln und Disteln, die kleingehackt, mit Weizenkleie uud geriebenem altbackenen Brot untermengt werden. Bei sehr zeitigen Bruten, wo Grünfutter noch fehlt, gibt man zerkleinerte Rüben, besonders Mohrrüben, und gebrühtes Kleehäcksel oder Heublumen. Man füttert nach Möglichkeit reichlich und oft, damit die Tiere genügend gesättigt werden und richtig wachsen können. Wo der Austrieb an sonnigen Tagen auf Weideland möglich ist, beschränkt sich die Fütterung auf die Beigabe des Morgen- und Abendfutters, das hauptsächlich aus Rüben, Weizenkleie, Gersten- und Haferschrot besteht. Mit dem zunehmenden Alter versorgen sich die jungen Gänse selbst mit der nötigen Futtermenge, wenn sie freien Auslauf auf Weideland haben, und die Haltung verbilligt sich dadurch ganz wesentlich. Die Junggänse dürfen nicht eilig getrieben werden, wenn sie einen größeren Weg auf die Weide zurücklegen müssen, weil sehr leicht Verrenkungen der Beingelenke vorkommen, die zu Entzündungen führen und das Eingehen der Tiere veranlassen. Außerdem muß man die jungen Gänse auch vor größerer Sonnenhitze bewahren, denn sie werden dadurch sehr hinfällig. Es ist deshalb notwendig, daß die Weide teilweise durch Bäume und Sträucher beschattet wird, damit die Gänse in der heißen Tageszeit im Schatten lagern können. Frühbruten dürfen im März—April in den ersten vier Wochen ihres Lebens nicht auf das offene Wasser gelassen werden, weil es meistens noch zu kalt ist und die Gössel leicht von Rheumatismus oder Darmkrankheiten befallen werden; ein genügend großes Wasserbecken im Auslauf zum Saufen und Putzen ist ausreichend. Auch die Durchnässung vom Regen ist zu vermeiden, ebenso das Austreiben am frühen Morgen, solange noch der Tau liegt.

Werden die Gössel ohne Führung der Gans aufgezogen, so empfiehlt sich die Unterbringung in einen eingezäunten, mit Gras bewachsenen Auslauf, der nach Bedarf verändert werden kann, so daß immer wieder ein neues Stück benützt wird. Die Fütterung und Abwartung der jungen Gänse geschieht, sobald sie 6 Wochen alt sind, in gleicher Weise wie die der alten Gänse. Man füttert täglich dreimal, und zwar morgens und mittags Weichfutter und abends Körner. Auch bei Weidegang ist die Morgenfütterung unerläßlich, es fällt dann die Mittagsfütterung weg und dafür ist die Abendfütterung wieder reichlicher. Stets muß genügend Trinkwasser geboten werden, besonders auf Weideland, wenn dort nicht ohnedies ein Gewässer vorhanden ist.

Werden die Gänse nicht selbst aufgezogen, sondern, wie es vielfach geschieht, im Sommer als junge Gänse angekauft, so sind sie einige Wochen vom anderen Geflügel getrennt zu halten, um die Übertragung von Krankheiten zu verhüten. Besonders die von Transporten stammenden Gänse, die meistens mit der Bahn aus dem Ausland kommen, schleppen sehr leicht die Cholera und den Typhus ein und gefährden dadurch den ganzen Geflügelbestand. Durch die Absonderung auf einem umzäunten Raum, der anderem Geflügel nicht zugänglich ist, und die Einstellung in einen besonderen Stall, wird dieser Gefahr vorgebeugt. Erst wenn man sich überzeugt hat, daß die Tiere tatsächlich gesund sind, ist eine weitere Absperrung nicht mehr notwendig.

Die Mast. Die Gänse werden, nachdem sie vom Frühjahr ab Weidegang gehabt haben, im Sommer nach der Getreideernte auf die Stoppelfelder getrieben, um die ausgefallenen Körner aufzulesen. In manchen Gemeinden geschieht der Austrieb herdenweise durch einen Hirten. Dabei nehmen die Gänse an Gewicht zu, sie werden fleischig, aber noch nicht fett. Beim Feldern ist unbedingt notwendig, daß genügend Trinkwasser vorhanden ist. Der Austrieb geschieht vormittags und am späten Nachmittag; während der heißen Mittagszeit werden die Gänse auf schattiges Weideland gebracht, am besten an einen Fluß- oder Bachlauf. Die Stoppelgänse sind vorzügliche Mastgänse und finden als solche auch guten Absatz. Das Höchstgewicht wird erst durch eine mehrwöchige Körnermast erreicht. Dadurch steigert sich die Fettbildung und der höhere Wert der Gans. Man unterscheidet die Freimast und die Zwangsmast. Bei der Freimast werden die Stoppelgänse zu 10 oder 20 Stück auf einem engbegrenzten Rasenplatz gehalten, der genügend Schatten bietet. Ein tragbarer Stall und die Futtertröge sind darin aufgestellt. Der Platz muß zeitweilig gewechselt werden, um der Verseuchung des Bodens durch den Gänsekot vorzubeugen.

Die Freimast wird mit regelmäßigen Futterzeiten ausgeführt. Die Tiere erhalten am frühen Morgen das erste Körnerfutter. Dieses besteht in gequelltem Hafer und kleingeschnittenen Möhren, außerdem genügend Grünfutter, z. B. gehäckseltem Klee, Gras, Kohlblättern u. dgl. Die zweite und die folgenden Fütterungen finden alle drei Stunden statt, die letzte Fütterung spät abends. In großen Gänsemästereien wird auch während der Nacht noch ein- oder zweimal gefüttert. Die Tiere erhalten dabei stets so viel Futter, daß sie sich tüchtig satt fressen können, und außerdem reichlich Trinkwasser. Stehengebliebenes Futter muß weggenommen werden. Körniger Sand und zerkleinerte Holzkohle, die man in einem besonderen Trog zur beliebigen Aufnahme hinstellt, dürfen nicht fehlen. Je abwechslungsreicher das Futter ist, desto besser gedeihen die Tiere und desto größer ist auch die Gewichtszunahme. Deshalb werden abwechselnd Körnerfutter, gekochte Kartoffeln mit Gersten- oder Maisschrot, Malzkeime, frische Biertreber usw.

Tafel V

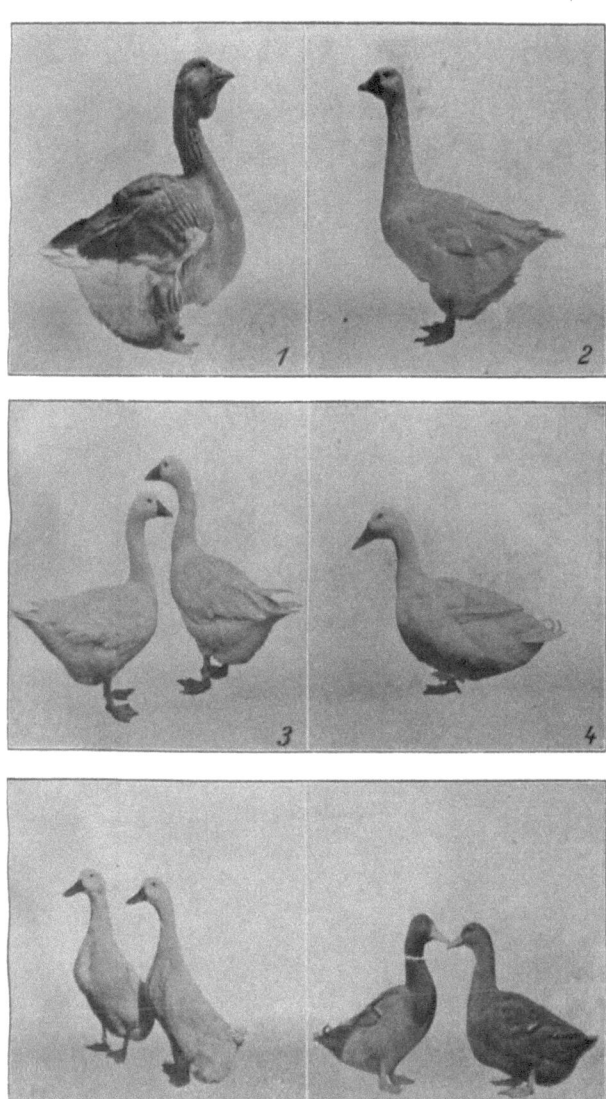

Wassergeflügel: Abb. 46 (1) Touloufer Gans, Abb. 47 (2) Emdener Gans
Abb. 48 (3) Pommersche Gans, Abb. 50 (4) Aylesburyente,
Abb. 51 (5) Pekingenten, Abb. 52 (6) Rouenenten.

Tafel VI

Nußtauben: Abb. 53 (1) Straſſer, mit Binden, Abb. 54 (2) Straſſer, rotgelbe
Abb. 55 (3) Luchstaube, Abb. 56 (4) Koburger Lerche
Abb. 57 (5) Brieftauben, Abb. 58 (6) Starenhälſe

gegeben, einmal trocken, das andere Mal gebrüht oder gekocht. Die Mast ist meistens nach vier Wochen beendet, wenn die Tiere keine weitere Zunahme im Körpergewicht mehr zeigen.

Bei der Zwangsmast sperrt man die Gänse einzeln in Käfige und füttert sie in regelmäßigen Zeitabständen alle 2—4 Stunden mit bestimmten Mengen Futter, das ihnen nach sorgfältiger Zubereitung in den Schnabel gesteckt wird. Dieses Stopfen oder Nudeln gilt vielfach als Tierquälerei, ist es aber durchaus nicht, wenn eine Überfütterung vermieden wird. Diese wäre ja auch an sich zwecklos, weil die Tiere das Futter dann durch die Verdauung nicht mehr richtig ausnützen. Aus Gersten- und Maisschrot oder Mehl, das mit Magermilch oder Wasser zu einem steifen Brei angerührt wird, bereitet man fingerlange 2 cm starke Nudeln, die auf einem Backblech im Ofen scharf getrocknet werden. Zum Stopfen wird die Gans aus dem Käfig genommen und von einer zweiten Person gehalten. Dann steckt man die in Wasser getauchten Nudeln durch den geöffneten Schnabel nacheinander in den Schlund des Tieres. Zuerst erhält jedes Tier 6 Nudeln, nach einigen Tagen wird die Zahl gesteigert, bis schließlich 15 Stück zu jeder Mahlzeit gegeben werden. Merkt man, daß einmal das Futter schlecht verdaut und der Kropf noch voll ist, so wird eine Futterzeit übergangen. Die Zwangsmast dauert gewöhnlich 3 Wochen und ist nach dieser Zeit zu beenden, da eine weitere Zunahme des Tieres kaum mehr zu erwarten ist. Es ist besser, wenn die zu nudelnden Gänse erst einige Wochen Freimast erhalten haben, damit sie sich leichter mästen. Wasser sowie scharfer Sand und zerkleinerte Holzkohle müssen den Tieren in einem Troge außerdem zur Verfügung stehen.

Vom Schlachten. Zum Schlachten bestimmte Tiere werden am Abend vorher nicht mehr gefüttert, erhalten aber genügend Wasser zum Saufen. Die Fütterung würde das Ausnehmen der prall gefüllten Gedärme erschweren und außerdem einen Verlust an Futter bedeuten.

Das Abschlachten geschieht auf folgende Weise: Eine Person faßt die Gans an den Beinen und gleichzeitig an den Flügeln, stützt sich dabei mit den Armen auf die Lehne eines Stuhles und mit dem Knie auf den Sitz. Die Gans kann bei dieser Haltung weder mit den Flügeln schlagen, noch sich sonst wehren. Eine zweite Person schlägt mit einem Hammer die Gans auf den Schädel, um sie zu betäuben, und schneidet dann flink den Hals durch, wobei die beiden Halsschlagadern durchtrennt werden. Das Blut wird in einer untergestellten Schüssel aufgefangen und mit etwas Salz verrührt. Es läßt sich gut zu Schwarzsauer oder Gänseklein verwenden. Der beim Abschlachten der Hühner übliche Gehirnstich im lebenden Zustande ist bei den Gänsen nicht anzuraten. Er sollte im Gegenteil behördlich verboten werden, denn er artet meistens zur Tierquälerei aus.

Das Rupfen der geschlachteten Gans soll geschehen, solange sie noch warm ist, weil es leichter und schneller möglich ist, vorausgesetzt, daß die Federn nicht noch im Kiele stecken. Ein halbausgefiedertes Tier zu rupfen, ist fast unmöglich. Man hilft sich dann meistens durch Abschneiden der Federn mit einer gebogenen Schere, damit nicht die Haut zerschnitten oder zerrissen wird. Allerdings wird eine derartig geputzte Gans auch einen recht wenig ansprechenden Braten geben. Beim Rupfen werden zuerst die großen Schwungfedern ausgezogen, die zu bündeln sind. Sie lassen sich zu Zahnstocher und Zigarrenspitzen verwenden. Dann wird der Rumpf sauber gerupft und etwa noch vorhandener feiner Flaum mit einer Spiritusflamme abgesengt. Für den Verkauf bestimmte Schlachtgänse müssen besonders sauber aufgemacht werden, damit sie recht einladend aussehen.

Nach dem Rupfen müssen die oberhalb des Steißes sitzenden Fettdrüsen ausgeschnitten werden, da sie sonst später dem Fleische beim Braten einen tranigen Geschmack verleihen. Die geschlachtete Gans wird zum Erkalten aufgehängt. Das Ausnehmen der Gedärme geschieht erst am anderen Tage, nachdem das Fett starr geworden ist, weil sich diese Arbeit dann viel leichter ausführen läßt.

Die Nutzung. Auf dem Lande wird die Gans meistens der Federn wegen gehalten, weil diese zum Füllen der Betten verwendet werden. Es ist deshalb allgemein üblich, die Gänse mehrmals zu rupfen. Eine bestimmte Zeit anzugeben ist nicht gut möglich. Man muß sich vielmehr nach der Beschaffenheit der Federn richten. Die geeignetste Zeit ist kurz vor der Mauser, sobald die Federn ausfallen. Dann sind sie reif; das Rupfen kann ohne nachteiligen Einfluß geschehen. Am wertvollsten sind die Flaumfedern oder die Daunen unter den Flügeln und am Bauche; doch muß vor dem vollständigen Kahlrupfen gewarnt werden. Es ist deshalb besser, wenn das Rupfen nicht auf einmal geschieht, sondern je nach der Reife der Federn. Die unter den Flügeln sitzenden Stütz- oder Tragfedern dürfen keinesfalls ausgezogen werden, weil die Tiere sonst Hängeflügel bekommen und rücksichtsloses Rupfen die Junggänse im Wuchs stark benachteiligt. Bei den Gantern kann man wohl viermal im Jahre rupfen, muß aber darauf achten, daß die Tiere nicht federlos in den Winter kommen. Die Federn einer Gans sind auf durchschnittlich 50 M. für das $^1/_2$ kg zu bewerten. Es ist nicht ausgeschlossen, daß bei den derzeitigen höheren Preisen auch der doppelte und dreifache Wert zu erzielen ist.

Die ausgerupften Federn werden gewaschen und in einem zugfreien Raum auf einem Tuch zum Trocknen ausgebreitet, um dann in dichte Beutel gefüllt zu werden. Das Waschen soll mit lauwarmem Wasser geschehen und ist durch Nachspülen mit kaltem Wasser zu beenden. Federn, welche starke Kiele haben, werden gesondert aufbewahrt und im Winter durch Abziehen der Fahne geschlissen. Sie sind minderwertig und dienen hauptsächlich zum Füllen von Deck- und Unterbetten.

Den größten Wert hat das **Fleisch**, die Leber und das Fett, welche wegen ihres Wohlgeschmackes und hohen Nährwertes hochgeschätzt sind. Sie können in der Küche vielfältig zubereitet werden, wie jedes gute Kochbuch zur Genüge ersehen läßt.

Der **Dünger** hat nicht den großen Wert wie der übrige Geflügeldünger, er ist zu scharf und nicht ohne weiteres verwendbar. Man kompostiert ihn am besten mit Erde oder anderem Dünger zusammen, um ihn dann auf das Land zu bringen.

Von **Krankheiten** wird die Gans selten heimgesucht. Nur Junggänse erkranken bei naßkaltem Wetter und ungenügender Befiederung leicht an Schnupfen. Man beachte die unter Geflügelkrankheiten auf Seite 87 ff. angegebenen Winke. Vergiftungen treten ein, wenn die Gänse Gelegenheit haben, giftige Pflanzen zu fressen. Am meisten nachteilig ist den Tieren der bleiche Schöterich (Erysimum crepidifolium und E. pallens), auch Gänsesterbe oder Gänsetod genannt. Die Tiere gehen daran zugrunde.

8. Die Ente.

Weit leichter als die Gans ist die Ente zu halten, denn sie kann in verhältnismäßig kurzer Zeit aufgezogen und schlachtreif gemacht werden. Außerdem sind verschiedene Rassen sehr gute Eierleger, so daß sie manchen Hühnerrassen gleichwertig zu achten sind. Die Ente eignet sich auch zur Haltung in größerer Anzahl auf verhältnismäßig kleinem Raum und stellt hinsichtlich der Fütterung keine so großen Ansprüche wie die Gans. Die vielfach verbreitete Ansicht, daß zur

8. Die Ente

Entenhaltung unbedingt Wasser vorhanden sein muß, ist nicht zutreffend, denn gerade bei der Fleischzucht kann ein Gewässer vollständig entbehrt werden.

Die Rassen. Bei der Hausente sind Nutz- und Zierrassen zu unterscheiden. Die Nutzrassen dienen der Fleisch-, Eier- und Federgewinnung; die Zierrassen werden zur Belebung der Parkgewässer verwendet und haben eigentlich keinen wirtschaftlichen Wert.

Die Nutzenten werden bunt- und weißfiedrig gezogen. Zu den weißen Rassen gehören die Pekingente, die Aylesburyente und die Schopf- oder Kaiserente, eine Abart der Hausente. (Vgl. Tafel V Abb. 50 bis 52.) Buntfiedrige Rassen sind die Rouenente, die Cayugaente und die indische Laufente, welche auch reinweiß gezüchtet wird. Alle diese genannten Rassen sind von großem wirtschaftlichem Wert, denn sie eignen sich infolge ihres raschen Wachstums vorzüglich zur Fleischerzeugung und sind gute Eierleger, besonders die Laufente, welche in ihrer Legetätigkeit mit einem guten Huhn den Wettbewerb aufnehmen kann. Die weißen Rassen werden zur Federgewinnung den buntgefiederten vorgezogen, weil man die weißen Federn als Füllstoff für Kissen und Betten besser verwenden kann.

Zu den Entenrassen, die wenig verbreitet sind, gehört die Duclairente, mit grün glänzendem, schwarzem Gefieder, welche hauptsächlich in der Umgebung von Paris gehalten wird; ferner die Schwedische Ente mit hellblauem Gefieder, die Bisam- oder Türkische Ente mit schwarzen, grün schattierten Federn; die belgischen Entenschläge, z. B. die Merchtem-, die Landsmeer- und von neueren Züchtungen die Orpingtonente, die in England entstanden ist und in Deutschland viel Liebhaber gefunden hat. Es sind dies ebenfalls Nutzenten, die eine wirtschaftliche Bedeutung haben und deshalb nicht geringer einzuschätzen sind als die bei uns verbreiteten Nutzentenrassen. Die Japanische Ente, welche in der Befiederung der Rouenente, aber in der Form der Pekingente gleicht, ist ebenfalls eine gute Nutzente, sowohl in der Legetätigkeit wie auch im Fleischgewicht, bei uns aber sehr wenig verbreitet.

Die Zierenten haben für den Nutzzüchter kaum ein größeres Interesse, denn ihr Nutzen steht in keinem Verhältnis zu den Kosten der Unterhaltung.

Die Zucht. Zuchtenten benötigen freies Weideland, Bade- und Schwimmgelegenheit. Diese Einrichtung auf einem engbegrenzten Raume

Zucht, Fütterung, Haltung

zu schaffen, ist deshalb nicht gut möglich, weil der Boden durch den Kot bald verseucht, die Tiere zu wenig Bewegung haben, verfetten oder selbst bei zweckmäßiger Fütterung doch schlecht befruchtete Eier liefern. Der ungehinderte Auslauf ist unter allen Umständen vorzuziehen und gewährleistet auch, wenn ein Teich oder Bach zur Verfügung steht, neben der guten Befruchtung der Eier die billigere Haltung der Tiere, weil sie einen Teil ihres Futters im Wasser und auf dem Grasland selbst suchen können.

Zur Zucht verwendet man zwei- und dreijährige, gut entwickelte Tiere. Zu 5 Enten ist ein Erpel nötig bei den schweren Rassen; für die kleinen genügt ein Erpel für 10—12 Enten. Wurden die Tiere von Jugend an auf unbegrenztem Auslauf gehalten und haben sie sich gut entwickelt, so sind auch einjährige Tiere und Frühbruten zur Zucht zu gebrauchen. Ist genügend Auswahl vorhanden, so sind die älteren Tiere zur Gewinnung von Bruteiern vorzuziehen und die Eier der jüngeren besser für die Küche zu verwerten. Die Zuchttiere müssen rasserein sein, wenn der Verkauf von Bruteiern oder die Mastentenzucht betrieben werden soll. Mit Kreuzungen sollte sich der Anfänger nicht abgeben, es sei denn, daß er die daraus entstammenden Tiere nur zur Mast verwendet. Unter diesen Bedingungen sind Kreuzungen zwischen reinweißen Enten, z. B. Peking und Aylesbury, unter Umständen von großem Vorteil, weil in den Kreuzungstieren die Vorzüge der Rassetiere in gesteigertem Maße zur Geltung kommen. Die Zucht bedingt vor allem blutsfremde Tiere, die also nicht in naher Verwandtschaft miteinander stehen, weil sonst der Nutzwert sehr stark zurückgeht und die Leistungsfähigkeit bei der fortgesetzten Inzucht schließlich stark vermindert wird. Die Zuchtfähigkeit dauert 4—5 Jahre, nach dieser Zeit lassen die Tiere gewöhnlich in der Fruchtbarkeit nach und sind durch jüngere zu ersetzen.

Die Zucht weißer Enten hat den Vorteil, daß man die Federn sehr gut verwerten kann und auch das Fleisch bei Mastenten der beiden weißen Rassen viel appetitlicher aussieht, als bei den buntfiedrigen. Blutsauffrischungen sind am leichtesten durch Einstellung eines fremden Erpels zu erzielen. Man sollte aber die Zusammenstellung der Stämme schon im Spätherbst oder anfangs des Winters vornehmen, um die Tiere aneinander zu gewöhnen, denn vielfach fangen sie bei guter Haltung schon im Januar an zu legen. Wenn dann der Verkauf von Bruteiern beabsichtigt ist, wäre die spätere Zusammenstellung ein Verlust, weil die ersten Eier gewöhnlich nicht gut befruchtet sind.

Die Fütterung und die Haltung. Zuchtenten verlangen ausreichende Mengen von Futtermitteln, die nicht mästen, aber gut auf die Legetätigkeit einwirken. Solche sind: Getreideschrot, Kleie, Kartoffeln, eine geringe Menge Fischmehl, ausreichende Mengen Grünfutter, besonders auch im Winter. Dasselbe kann im Winter durch gebrühtes Kleehäcksel, Heumehl, Heusamen, durch kleingeschnittene Runkelrüben, Kohlrüben, Gemüseabfälle, Topinambur- und Helianthiknollen ersetzt werden. Im Sommer wird man hauptsächlich Salat, Kohlblätter, Gras und grünen Klee verfüttern. Die Zusammenstellung der Futtermengen muß dem eigenen Ermessen überlassen bleiben, denn es kommt doch hauptsächlich darauf an, welche Futtermittel vorhanden sind. Muß das Futter gekauft werden, dann wird die Haltung bei der großen Gefräßigkeit der Enten außerordentlich verteuert, besonders wenn nicht ein unbegrenzter Auslauf vorhanden ist. Im Durchschnitt kann man für ein erwachsenes Tier $^1/_2$ kg Weichfutter für eine Fütterung rechnen. Das Weichfutter wird am Morgen und am Mittag neben dem Grünfutter gegeben, am Abend dagegen das Körnerfutter oder Getreideschrot von Hafer, Mais, Gerste, Roggen; auch Futterbohnen und Erbsenschrot sind gut angebracht.

Die Ente frißt alles, Küchenabfälle, Biertreber, Melasse, Malzkeime usw. Sie ist nicht wählerisch, wenn nur das Futter in ausreichender Menge und unverdorben gegeben wird. Grünfutter sollte stets zerkleinert und in Trögen verabreicht werden, ebenso auch das andere Futter, damit es nicht in den Kot getreten wird. Zum Futter gehört auch ein großer Napf oder Trog voll Wasser, in welchem die Ente nicht hineinsteigen kann. Enten dürfen nicht mit anderem Geflügel zusammen gefüttert werden, weil dabei zu viel Futter verloren geht.

Der Futterplatz muß durchlässig und leicht zu reinigen sein, weil er sonst durch die stark riechenden Entleerungen der Tiere sehr bald verschlammt. Man hebt deshalb am besten den Platz auf 30 cm Tiefe aus, füllt ihn mit Steinkohlenschlacke auf und deckt ihn oben mit grober Steinkohlenasche oder Kies ab, nötigenfalls auch noch mit Torfstreu, welche die Feuchtigkeit leicht aufsaugt und nach Bedarf erneuert werden kann. Die gleiche Bedingung gilt auch für den Stall.

Der Stall braucht durchaus nicht warm, er muß aber trocken und zugfrei sein. Die Enten halten sich bei guter Befiederung auch im

Stall, Brut, Aufzucht

talten Stall gut. Deshalb baut man vielfach einfache Holzställe, die auf der Vorderseite durch verschiebbare Türen beliebig weit geöffnet werden können. Im Winter ist reichlich trockene Einstreu notwendig und der Stall gegen Raubtiere zu sichern. Im übrigen ist eine besondere innere Einrichtung des Stalles entbehrlich. Die Legenester finden in einer dunklen Ecke des Stalles durch Abgrenzung der Vorderseite mit einem 10 cm hohen Brett oder mit Ziegelsteinen Platz und sind mit kurzem Stroh reichlich zu versehen. Ein Legenest muß 40×40 cm Bodenfläche haben. Es werden mehrere Nester nebeneinander eingerichtet und durch Zwischenwände getrennt. Bei gutem Wetter werden die großen Türen des Stalles beiseite geschoben, so daß die Sonne und die Luft ungehindert eintreten können. Im Sommer ist der Stall im Halbschatten aufzustellen. Auch der Auslauf soll durch Bäume beschattet werden, weil die Tiere gegen große Hitze empfindlich sind. Der Auslauf muß sich bei der Haltung auf beschränktem Raume unmittelbar an den Stall anschließen. Bei unbeschränktem Auslauf ist der Stall so aufzustellen, daß er von den Enten am Abend ungehindert aufgesucht werden kann.

Die Brut der Ente dauert 28—30 Tage; meistens brüten die Enten nicht selbst, sondern die Eier müssen durch Hühner schwerer Rassen oder durch Truten ausgebrütet werden. Setzen sich Enten freiwillig zur Brut, so nehmen sie meist das Legenest dazu ein; man läßt ihnen dann 16—20 Eier, ebensoviel gibt man einem Truthuhn, einer Henne dagegen nur 10 Stück. Die Behandlung der Ente bei der Brut gleicht jener der Gans. Die Brut ist mit dem 28. oder 29. Tage beendet und bedarf weiter keiner Beihilfe, als daß man rechtzeitig die Eischalen entfernt und die Kücken während der ersten 24 Stunden der Obhut der Brüterin überläßt. Die Fütterung geschieht am zweiten Tage mit dem üblichen Aufzuchtsfutter, wie bei Truten und Hühnern. Erst mit der zunehmenden Gefräßigkeit der Entenkücken ist ein Wechsel im Futter angebracht, wie es für die Fütterung der Mastenten in den ersten fünf Wochen angegeben ist.

Bei der künstlichen Brut sind die gleichen Bedingungen zu erfüllen, wie für die Hühnereier. Nur die Luftfeuchtigkeit, welche in der ersten Zeit durchschnittlich 50% beträgt, wird vom 22. Tage ab auf 55—60% gesteigert. Das Kühlen der Eier geschieht vom dritten Tage ab zum erstenmal, und zwar alle 12 Stunden bis zum 22. Tage, dann bis zur Beendigung der Brut alle 8 Stunden, und zwar in der

Weise, daß am ersten Tage die Kühldauer 10 Minuten beträgt und dann jeden Tag um 1½ Minute verlängert wird. Das Wenden der Eier geschieht vom 4.—22. Tag täglich, das Verlegen vom 3.—28. Tag. Am 26. Tag schwemmt man die Eier in Wasser mit 40^0 C und gibt sie dann feucht wieder in die Brutlade. Das Prüfen der Eier auf die Keimfähigkeit erfolgt vom 6. Tage ab, sowie jedesmal aller 6 Tage bis zum 24. Tag, also zusammen viermal. Die Brutwärme muß 39 bis 40^0 C messen.

Die Aufzucht ist verhältnismäßig leicht. Die Entenküken sind weniger empfindlich als jedes andere Geflügel, gleichviel ob sie natürlich oder künstlich erbrütet sind. Bei der künstlichen Brut werden die Küken in ein Kückenheim gesteckt und die ersten zwei Wochen wie die Hühnerküken behandelt, nur mit etwas geringerer Wärme (25^0 C). Später bedürfen sie des geheizten Heimes nicht mehr, es genügt die Haltung in jedem hellen Raume mit Zimmerwärme (18^0 C). Bei schönem Wetter müssen die Küken den Auslauf ins Freie haben. Bei der natürlichen Brut überläßt man die Küken, wenigstens in den ersten Wochen, der Führung der Brüterin. Man kann sie aber auch ohne weiteres schon beim Ausfallen wegnehmen und wie die künstlich erbrüteten aufziehen. Die Jungenten sollen in den ersten Wochen keine Badegelegenheit erhalten, sondern nur Wasser zum Saufen. Die Mastentenküken dürfen überhaupt nicht auf das Wasser kommen, denn sie würden trotz der besten Fütterung nicht an Fleischgewicht zunehmen. Man gibt nur das notwendige Wasser zum Saufen und Reinigen. Frische Luft ist besonders während der Haltung in geschlossenen Räumen unbedingt notwendig. Es darf bei der Aufzucht nicht an der nötigen Reinlichkeit der Ställe und der Kückenheime fehlen.

Die Mast ist am einträglichsten bei jungen Enten, weil sie mit 8—12 Wochen fertig sind. Dazu eignen sich Entenküken, die gleich nach dem Ausfallen aus dem Ei entsprechend gefüttert werden. Sie erhalten als Erstlingsfutter Brotkrumen und Haferflocken zu gleichen Teilen gemischt. Man kann altes Brot dazu verwenden. Dasselbe wird zerstoßen und mit den Haferflocken gemischt. Dazu kommen noch 5% scharfer, gewöhnlicher Sand, den die Tiere zur Verdauung benötigen. Diese Mischung wird mit frischer Magermilch angefeuchtet, so daß sie bröckelig wird. Man kann sie auch etwas anwärmen. Dieses Futter wird täglich in reichlicher Menge fünfmal in flachen Trögen verabreicht und muß jedesmal frisch zubereitet werden. Nebenbei wird Grünzeug, hauptsächlich Salat, der kleingeschnitten werden muß, verfüttert. Sie vertilgen davon ungeheure Mengen, wachsen aber auch sichtlich. Junger Klee, Brenneſſeln, Gras u. dgl. iſt ebenfalls geeignet. Abwechſelnd kann man auch Kückengebäck und das übliche Geflügelweichfutter mit Fleiſch- und Fiſchmehl verfüttern. Dieſes Futter erleichtert die Aufzucht ganz bedeutend, denn die Jungenten wachſen davon raſch und befiedern ſich leicht.

Sobald die Enten 14 Tage alt ſind, erhalten ſie mehr abwechſlungsreiches Futter. Geeignete Futtermittel ſind Roggen- und Weizenkleie, Gerſtenſchrot, Kartoffeln, Maisſchrot, Buchweizen, Hafer, Fettgrieben, Fleiſch- oder Fiſchmehl. Wo friſche Fiſche zu haben ſind, zieht man dieſe vor. Sie werden zerkocht und unter das Futter gemengt. Es iſt ratſam, das Futter durch eine Wurſtmaſchine zu treiben, damit es gleichförmig gemiſcht wird. Vorteilhaft iſt die Verfütterung von Milch, mit welcher das Futter angerührt werden kann. Außerdem müſſen die Enten friſches Waſſer zum Trinken in ausreichender Menge haben. Zum Knochenwachſtum iſt Kalk nötig. Deshalb wird jeder Mahlzeit etwas Futterkalk zugeſetzt

Die eigentliche Maſtfütterung beginnt erſt, nachdem die Tiere 5 Wochen alt geworden ſind. Sie kann in derſelben Weiſe ausgeführt werden wie bei der Gans: als Frei- oder Zwangsmaſt. Die Freimaſt geſchieht in einem abgegrenzten, engen Raum im Freien, wobei durchſchnittlich 10 bis 15 Enten auf einem Raum gehalten werden. Bei der Zwangsmaſt werden die Tiere wie die Gans in Maſtkoben untergebracht und ſind vier- bis ſechsmal täglich zu füttern. Eine Zwangsfütterung, wie ſie bei der Gans durch Stopfen oder Nudeln geſchieht, iſt bei den Enten nicht notwendig. Abwechſlungsreiches, gutes Futter und nur ſo viel Waſſer, als ſie zum Saufen und Reinigen brauchen, genügt vollſtändig. Getreideſchrot und Körnerfutter wird zur beſſeren Ausnutzung gequellt oder gekocht verfüttert. Steht Magermilch zur Verfügung, ſo kann das Futter viel ſchmackhafter zubereitet werden und das Fleiſch wird dadurch ganz bedeutend verbeſſert. Auch bei den Maſtenten darf ſcharfer Kies und Sand, ſowie ſtändig friſches Waſſer nicht fehlen. Auch ſaure Milch kann verfüttert werden.

Bei guter Haltung ſind die Jungenten in 10, längſtens in 12 Wochen ſchlachtreif und haben dann 2—3 kg. Sie noch längere Zeit zu halten, hat keinen Zweck, weil ſpäter alles Futter in die Federn wächſt.

Die Maſt älterer Tiere geſchieht in gleicher Weiſe wie bei den

Gänsen, entweder als Freimast oder durch Haltung in Mastkäfigen. Die Futterstoffe und die Fütterung ist die gleiche wie bei den Jungenten, doch ist bei den älteren Tieren, die ausgewachsen sind, eine größere Fleischzunahme nicht mehr zu erwarten und die Mast wird sich hauptsächlich auf die Fettbildung erstrecken. In den letzten Wochen vor der Mast darf Fisch- und Fleischmehl dem Futter nicht mehr zugesetzt werden, weil das Fleisch dann leicht einen Beigeschmack annehmen kann.

Der Nutzen der Ente. Der wirtschaftliche Wert der Ente besteht hauptsächlich in der Fleischerzeugung, welche durch die Raschwüchsigkeit begünstigt in verhältnismäßig kurzer Zeit die Erzielung schlachtfähiger Tiere ermöglicht. Entenfleisch und -fett gelten nicht so hochwertig wie das Gänsefleisch. In der Verwertung der Federn, die bei ausgewachsenen Tieren den Gänsefedern gleich zu schätzen sind, besteht kein Unterschied. Die Federn der jungen Mastenten sind nicht so gut, finden aber immerhin als Bettfedern, zum Füllen von Kissen u. dgl. geeignete Verwendung.

Als Eierlegerin ist hauptsächlich die indische Laufente zu schätzen, auch die Peking-, Aylesbury- und Rouenenten liefern eine ansehnliche Zahl Eier, die bedeutend größer als Hühnereier sind und zum Kochen und Backen sich vorzüglich eignen. Es liegt auch kein Grund vor, sie nicht zum Essen wie Hühnereier zu verwenden, wenn die Fütterung dementsprechend ist, so daß der oft nur vermutete Beigeschmack nicht wahrgenommen werden kann.

Zur Vertilgung von Würmern, Schnecken u. dgl. Ungeziefer trägt die Ente bei freiem Auslauf auf Weide- und Kulturland viel bei und sie kann auch in dieser Hinsicht nützlich werden, doch ist zu berücksichtigen, daß bei der großen Gefräßigkeit der Ente auch leicht Schaden an den Kulturpflanzen, hauptsächlich an Salat und Kohl, entsteht.

Krankheiten. Bei der Ente sind sie sehr selten. Sollten sie doch auftreten, so können nur die beim Wassergeflügel üblichen, welche schon bei der Gans genannt wurden, möglich sein, ebenso die Geflügelcholera, gegen die es kein Heilmittel gibt (siehe Krankheiten des Geflügels, S. 87 ff.).

9. Die Taube.

Die Taubenzucht ist, so unglaublich es klingt, mehr in der Stadt als auf dem Lande verbreitet. Der Landwirt bringt der Taube unberechtigtes Mißtrauen entgegen. Er betrachtet Tauben als Zerstörer seiner Felder, und die behördlichen Bestimmungen mancher Länder sind so streng, daß sie die Taubenzucht bei freiem Flug vollständig verleiden können. Aus diesem Umstand ist die Tatsache zu erklären, daß die meisten, aber auch die wertvollsten Tauben in der Stadt gezogen werden; allerdings in großen Vogelhäusern, welche genügend Flugfreiheit gestatten. Die Zucht der verschiedenen Farbentaubenrassen ist ein weitverbreiteter Sport, der, wie alle derartigen Liebhabereien, unglaubliche Werte vorstellt. Deshalb hat auch die Sportgeflügelzucht eine nützliche Bedeutung, die aber stets Nebenzweck bleiben wird; denn in der Hauptsache gilt die Zucht auf Form, Farbe, Feder und Rassemerkmale, wie sie die Musterbeschreibung der Vereine bedingt. Die Zahl der Taubenrassen und Abarten ist sehr groß und mit 500 wohl noch zu niedrig bemessen. Kein Haustier hat seit seiner Zähmung durch die zielbewußte Zucht des Menschen so mannigfaltige Formen ergeben. Für den Anfänger ist es deshalb nicht leicht, eine gute Wahl zu treffen, wenn er sich nicht einem zuverlässigen Züchter anvertraut oder zuerst sein Glück mit Feld- und Brieftauben versucht.

Die Rassen der Tauben. Von den Tauben, welche einen wirtschaftlichen Wert haben, sind folgende zur Zucht geeignet: von **schweren Rassen** die Straßer, Luchstauben, Koburger Lerchen und Römer; von **mittelschweren Rassen**: die Brieftauben; von **leichteren Rassen**: die Nürnberger Lerchen, Gimpeltauben, Schwalben, Schilder-, Flügeltauben, weiße Kropf-, Schnippen- und Weißschwanz-, Eis- und Porzellantauben, Starenhals, Pfaffen und Mönche, Mohrenkopf, Tümmler und Trommeltauben und die Mühlhäuser Taube. (Vgl. Tafel VI, Abb. 55 bis 58.) Damit ist die Zahl der Tauben, welche einen wirtschaftlichen Wert besitzen, nicht erschöpft. Es sind nur die Rassen genannt, die seitens der Deutschen Landwirtschaftsgesellschaft als Nutztauben bezeichnet werden und erwiesenermaßen auch für den Kleinbesitzer einen Nutzwert haben. Eine Beschreibungen der einzelnen Rassen zu geben, ist nicht gut möglich, weil die Verschiedenartigkeit zu groß ist und allgemeine Kennzeichen dem Anfänger nichts nützen. Die beste Gelegenheit, die Unterschiede und Rassemerkmale dieser Tauben kennen zu lernen, bieten die Geflügelausstellungen, in welchen diese Tauben gewöhnlich sehr zahlreich vertreten sind.

Der Schlag. Die zweckmäßigste Stalleinrichtung für Tauben ist der Schlag, der in einer Bodenkammer des Wohnhauses oder Stallgebäudes

9. Die Taube

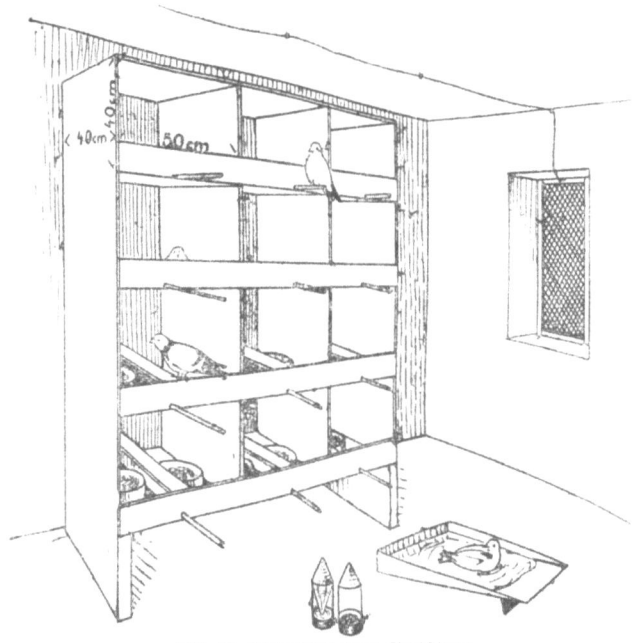

Abb. 59. Taubenschlag, innere Einrichtung.

eingerichtet wird. Die Tauben lieben einen hohen Abflug, damit sie sich die Umgegend erst ansehen können, deshalb ist ein hoch gelegener Schlag dem niederen vorzuziehen. Der Taubenschlag soll ruhig gelegen sein, es genügt eine kleine Abteilung im Dachboden, die mit der nötigen Anzahl Nistkästen und einigen Flugstangen versehen ist. Den Boden bedeckt man mit Dachpappe und bestreut ihn mit Sand oder Torfmull. Die Wände sollen rissefrei sein, um die Ansiedelung von Ungeziefer und den Durchzug zu verhindern. Es ist deshalb zweckmäßig, wenn man auch die Wände, falls sie nicht gemauert oder aus gefugten Brettern hergestellt sind, mit Dachpappe verkleidet und gründlich mit frisch gelöschtem Kalk weißt. Die Sitzstangen sind glatt zu hobeln, an den Kanten abzurunden und ebenfalls anzustreichen. Sie sollen 4—5 cm breit sein und in verschiedener Höhe angebracht werden. Man ordnet sie so an, daß die Tauben sich nicht gegenseitig beschmutzen können. Der leichteren Reinigung wegen ist es zweckmäßig, sie zum herausnehmen einzurichten oder sie auf Böcken anzubringen in gleicher Höhe, daß man sie nach Bedarf verstellen oder entfernen kann.

Das Auskalken oder Tünchen des Schlages sollte im Jahre wenigstens einmal im Frühjahr oder Herbst vorgenommen werden. Die Nistkästchen bringt man in Gefachen an, welche an den Wänden befestigt sind. Die Größe eines Nistkastens mißt 40×50 cm. In jedes Abteil sind zwei Nestschüsseln aus Gips oder Ton einzustellen. Vor jeder Nestreihe läuft eine Sitzstange, um den Abflug zu erleichtern. Auf den Boden des Schlages werden Futter-, Trink- und Badegefäße gestellt, die nach Bedarf wegzunehmen sind. Die Ausflugsöffnung soll nach Osten oder Süden gerichtet sein. Sie muß wenigstens 50 cm über dem Boden angebracht werden, damit junge Tau-

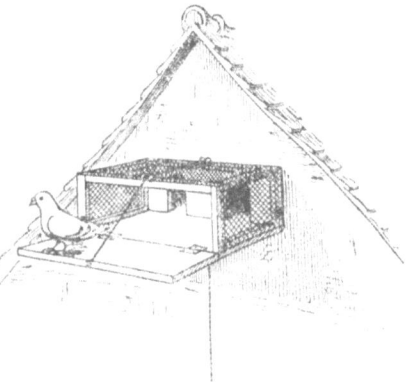

Abb. 60. Eingewöhnungskäfig am Ausflug des Taubenschlages.

ben sie nicht ohne weiteres benutzen können, solange sie noch nicht flügge sind. Vor der Ausflugsöffnung wird meistens ein Vorbau oder Ausflugkäfig errichtet, der nach Belieben durch eine Klappe geschlossen werden kann, damit sich frisch zugekaufte Tauben erst vor dem Ausflug umsehen können. Wo dieser Vorbau fehlt, sind wenigstens genügend Anflugstangen notwendig, um den ab- und zufliegenden Tauben Sitzgelegenheit zu bieten. Liegt die Ausflugsöffnung auf der Dachseite (Abb. 60), so ist das Verschließen der Klappe am Abend unbedingt erforderlich, damit die Tauben während der Nacht nicht durch Katzen, Iltisse, Marder oder Nachtvögel gestört werden. Es ist deshalb in waldreichen Gegenden besser, wenn die Ausflugsöffnung des Schlages auf der Giebelseite des Hauses liegt. Das Verschließen der Ausflugsöffnung mit der Klappe geschieht durch eine Schnur, welche von unten gezogen werden kann und über eine Rolle läuft, so daß der Verschluß ohne Lärm möglich ist.

Die Fütterung. An erster Stelle stehen der Buchweizen, Weizen,

Gerste, Bruchreis, Hirse und Erbsen, kleine Bohnen, Wicken, Linsen, Trespe, Rade, Unkrautsämereien, die im Gemenge gefüttert werden. Roggen und Hafer sind ungeeignet. Weichfutter ist weniger gut und sollte nur ausnahmsweise gegeben werden. Es besteht meistens aus gekochten Kartoffeln mit Brot oder Gerstenschrot vermengt. An frischem Grünfutter (Salat und Miere u. dgl.) darf es gleichfalls nicht fehlen. Außerdem verlangen die Tauben noch verschiedene Stoffe, wie Kalk, Lehm, Salz, sowie Anis, Fenchel, Kümmel, die als Nährmittel und Leckerbissen dienen. Man macht ein Gemenge davon, feuchtet es mit Salzwasser an und formt daraus einen flachen Kuchen, der im Ofen getrocknet wird. Er wird im Taubenschlag ausgelegt, damit die Tiere nach Belieben davon picken. Dieser **Taubenstein** fesselt die Tauben an den Schlag und begünstigt eine leichte Angewöhnung frisch zugekaufter Tiere. Trinkwasser und Badegelegenheit darf nicht fehlen. Das Trinkwasser muß im Sommer täglich zweimal erneuert werden, im Winter ist dafür zu sorgen, daß es nicht gefriert und ebenfalls erneuert wird. Als Badegelegenheit genügt ein großer flacher Napf oder eine flache Wanne aus Zinkblech, die man sich in beliebiger Größe anfertigen lassen kann. (Siehe die Abb. 59.)

Wer die Tauben ausschließlich aus der Hand füttern will, kommt nicht auf seine Rechnung. Es ist deshalb notwendig, sie feldern zu lassen und dann während dieser Zeit nur eine bestimmte Futterstunde einzuhalten, die meistens auf den späten Nachmittag verlegt wird. Bei ungünstigem Wetter im Winter füttert man täglich zweimal, vormittags um 8 und nachmittags um 3 Uhr. Während der Flugzeit, besonders nach der Getreideernte, fällt die Nachmittagsfütterung überhaupt weg. Die Fütterung im Schlage ist bei den feldernden Tauben nicht angebracht; es ist besser, das Futter auf eine saubere Stelle im Hofe oder vor dem Hause aufzustreuen und nur so viel zu geben, als vollständig aufgepickt werden kann.

Die Pflege. Der Taubenschlag muß öfter gesäubert und der Kot beseitigt werden. Bei genügender Besandung des Schlagbodens ist durch Abharken mit einem engzinkigen Rechen die Reinigung allwöchentlich leicht und schnell auszuführen. Der Boden wird zeitweilig wieder frisch mit Sand bestreut. Auch die Sitzbretter und Stangen, sowie die Nester sind öfters zu reinigen. Im Frühjahr oder Herbst ist das Auskalken des Schlages durch Ausweißen der Wände und der Nester mit frischgelöschtem Kalk notwendig. Dadurch wird der Ausbreitung des Ungeziefers vorgebeugt. Auf verwahrlosten Schlägen sind Wanzen und Mehlkäfer in großen Mengen zu finden, deren Larven den Nestjungen gefährlich werden. Auch Federmilben, Läuse u. dgl. Ungeziefer finden sich in schlechtgepflegten Schlägen. Durch öfteres Bestreuen des Schlages und der Nistkästen mit Kalkstaub kann die Vermehrung verhindert werden. Tauben, die freien Ausflug haben, brauchen kein Badewasser, wenn sie außerhalb des Schlages Gelegenheit finden. Reinlichkeit, Luft und Licht, regelmäßige Futterzeiten, Ruhe, Trockenheit und Zugfreiheit sind die besten Mittel, um die Tauben an den Schlag zu fesseln.

Während der Zuchtzeit dürfen nur gepaarte Tauben im Schlag sein, weil einzelne Täuber oder Tauben Unfrieden und Unruhe stiften, die Bruten und die Nester vernichten. Auch kranke Tiere, die am gesträubten Gefieder und durch trauriges Herumsitzen erkenntlich sind, müssen beseitigt werden.

Die Trennung nach Geschlechtern am Ende der Zuchtzeit wird vielfach angeraten, ist aber nur bei der Flugkäfighaltung durchzuführen. Sie soll den Tauben während der Mauser oder dem Federwechsel eine Ruhezeit und neue Kräftigung bringen.

Frisch zugekaufte Tiere, die am besten im Spätherbst erworben werden, sind erst in einem Gewöhnungskäfig einzusperren oder in einem Schlag, dessen Ausflug durch einen Gewöhnungskäfig geschlossen ist. Wenn sie sich gepaart und ihr Nest angenommen haben, ist das Wegfliegen nicht mehr zu befürchten. Man läßt sie das erste Mal am späten Nachmittag eines trüben Tages fliegen, damit sie den Schlag bald wieder aufsuchen (siehe Abb. 60).

Die Mauser vollzieht sich während sechs Monaten und bewirkt die vollständige Umfiederung. Nach beendeter Mauser ist die Taube zuchtsfähig. Die Taube ist während dieser Zeit wenig lebhaft. Durch sorgfältige Fütterung und gute Pflege unterstützt, verläuft der Federwechsel ohne Schwierigkeit und ohne Verluste. Jungtauben und Spätbruten mausern im ersten Jahre nur teilweise oder gar nicht.

Die Zucht. Wer Reinzucht betreiben will, sollte nur eine Rasse auf dem Schlage haben und nur gute Tiere miteinander paaren. Die Zuchtzeit beginnt im Februar oder März und endet mit dem Eintritt der Mauser Ende August oder September. Das Verpaaren muß in zweiteiligen Käfigen geschehen, die durch ein Gitter getrennt sind, so daß sich Täuber und Täubin sehen, aber nicht zusammen können.

9. Die Taube

Nach einigen Tagen wird die Zwischenwand beseitigt und die Paarung wird vollzogen. Da die Tauben in Einzelehe leben und Umpaarungen deshalb nicht ohne weiteres möglich sind, muß man die früheren Genossen aus dem Schlage entfernen, die Taube vorher einige Tage gesondert in einen Käfig sperren und dann erst in den Paarungskäfig setzen. Wo die Paarung den Tauben selbst überlassen bleibt, hat man nur dafür zu sorgen, daß nicht überzählige Tiere auf dem Schlage hausen und jedes Zuchtpaar seinen Nistkasten hat. Diesen freiwilligen Zuchten entstammen die kräftigsten Jungen und man hat keine Arbeit mit der Verpaarung.

Nach erfolgter Begattung wird von den Tauben das Nest hergerichtet durch Eintragen von Strohhalmen, Reisern und Heu. Der Züchter hilft am besten nach, indem er Gips- oder Tonschalen mit dem nötigen Füllstoff in den Nistkasten stellt. Nach 8—10 Tagen legt die Täubin am Nachmittag das erste Ei, das zweite folgt am dritten Tage vormittags; selten wird noch ein drittes Ei gelegt. Mit dem beendigten Legen beginnt die Brut, die abwechselnd vom Täuber von früh 9 oder 10 Uhr bis nachmittags 3 oder 4 Uhr und in der folgenden Zeit von der Täubin ausgeführt wird. Die Brutzeit dauert 17—19 Tage, je nach der Witterung. Die ausfallenden Jungen sind blind und mit gelbem Flaum bedeckt. Sie werden von den Alten noch bebrütet. Die Fütterung wird vom Taubenpaar abwechselnd besorgt, wobei sie den Jungen in den ersten acht Tagen den im Kropfe bereiteten, milchartigen Speisebrei eingeben. Nach dieser Zeit erhalten die bereits sehend gewordenen Jungen im Kropf erweichte Körner, bis sie mit 4 Wochen das Nest verlassen. Während dieser Zeit haben die Alten bereits eine neue Brut begonnen. Sie füttern aber die Jungen, die jetzt befiedert sind, noch, solange sie im Schlage sich aufhalten. Meistens werden mit dem Ende der vierten Woche die fleischigen, zarten Jungen zum Abschlachten weggenommen. Gute Nutztaubenrassen bringen 5—8 Bruten im Jahr, besonders wenn sie einen warmen Schlag und reichlich Futter haben. Man läßt sie deshalb vielfach im Winter brüten. Die Erneuerung des Brutnestes ist nach der Wegnahme der Jungen notwendig, damit für die folgende dritte Brut bereits vorgesorgt ist. Aus diesem Grunde müssen stets zwei Nester im Nistkasten vorhanden sein.

Die Unterscheidung der Geschlechter ist bei den Tauben nach äußeren Merkmalen schwierig; erst beim Liebesspiel kann mit Sicherheit der Täuber von der Täubin unterschieden werden. Als äußere

Merkmale für den Tauber gelten der dickere Kopf und kräftigere Körper, sowie das anhaltende Ruckſen. Bei der Taube ſollen die breiten, beweglichen Schambeine das ſichere Erkennungszeichen ſein. Schwingt man eine Taube mit ausgebreiteten Flügeln durch die Luft, ſo hält ſie den Schwanz nach oben, während der Tauber ihn abwärts richtet.

Das Alter iſt bei jungen Tauben leicht nach der Befiederung zu beſtimmen. Zwei Wochen alte Junge haben bereits kleine Schwingen und Steuerfedern, vier Wochen alte ſind flügge, ſechs Wochen alte fliegen als Piepjunge im Schlag; mit vier Wochen wechſelt die Stimme, dem Piepen folgt das Knurren, mit ſechs Monaten erſcheinen die weißen Naſenwarzen. Mehrjährige Tiere ſind nur an der dunkleren Farbe der Füße, den derben Nägeln und ähnlichen Alterserſcheinungen zu erkennen. Wie beim Geflügel, legt man auch den Tauben, die zur Zucht oder zum Verkauf beſtimmt ſind, Fußringe mit eingeprägter Geburtszahl an und hat damit den ſicherſten Nachweis des Alters.

Der Nutzen der Taube. Die ſchnelle Entwicklung und die für den Züchter müheloſe Aufzucht macht die Taube zur Erzeugung von Fleiſch geeignet. Junge Tauben ſind für Kranke und Geneſende ein hochgeſchätztes Nahrungsmittel, das wegen ſeiner leichten Verdaulichkeit geſucht iſt. Ältere Tauben werden nicht ſo hoch bewertet. Sie laſſen ſich auch nicht mäſten. Dagegen ſind die Neſtjungen durch geeignete Fütterung im Alter von vier Wochen fleiſchiger zu machen. Man ſetzt ſie in kleine Käfige und verabreicht einen Brei aus Maismehl, Buchweizenmehl oder Weißbrot, der mit ſüßer Milch dick angerührt wird. Das Futter wird regelmäßig alle zwei Stunden friſch zubereitet vorgeſetzt, kann aber auch durch zwangsweiſes Stopfen mit einer Spritze den Tauben einverleibt werden. In franzöſiſchen Maſtanſtalten füttert der Mäſter, indem er den Brei mit dem Mund den Jungtauben in den Schnabel gibt. Dieſe Maſt dauert nur 8—14 Tage. Die Tauben werden dann getötet und dem Verbrauch zugeführt.

Die Federn der Jungtauben ſind als Füllſtoff für billige Kiſſen zu verwenden. Einfarbige Federn und Flügel von alten Tauben werden auch als Hutſchmuck verarbeitet.

Der Dünger iſt ſehr wertvoll und ſollte ſorgfältig geſammelt werden, weil er für alle Gartengewächſe und Gemüſe ſich gut eignet. Früher wurde er auch in der Kürſchnerei zum Gerben verwendet. Jedenfalls iſt er als Gartendünger beſſer angebracht.

Krankheiten. Wer ſeine Tauben gut pflegt und richtig füttert, ſowie keine Sporttiere hält, sondern sich auf eine der am Anfang genannten Nutzrassen beschränkt, wird selten Krankheiten auf seinem Schlage haben. Mit kranken Tieren gebe man sich nicht ab, sondern schlachte sie, um wenigstens das Fleisch verwerten zu können. Zuchttiere, die krank gewesen und geheilt wurden, sind gewöhnlich zur weiteren Zucht untauglich.

Die hauptsächlichsten Krankheiten sind unter den Krankheiten des Geflügels beschrieben.

10. An= und Verkauf von Kleintieren.

Kauf und Verkauf von Kleintieren ist Vertrauenssache. Wer sich vor gerichtlichen Auseinandersetzungen schützen will, erledige deshalb vor dem Handel alle Vereinbarungen schriftlich, da mündliche Abmachungen ohne Zeugen stets anfechtbar und ungültig sind. Beim Handel mit Ziegen, Kaninchen und Geflügel sind im Streitfalle nur die allgemeinen Bestimmungen über den Kauf (§ 433—514) und die Vorschriften des Bürgerlichen Gesetzbuches über die Gewährleistung wegen Mängel der Sache (§ 459—493) maßgebend; für Schafe und Schweine außerdem die Verordnung betr. die Hauptmängel und Gewährfristen beim Viehhandel vom 27. März 1899. Die Verjährungsfrist für Gewährsmängel für Schafe und Schweine ist auf 6 Wochen beschränkt, bei den anderen vorgenannten Tieren gilt die längere Verjährungsfrist von 6 Monaten.

Ansichtssendungen von Tieren sind nur gegen Hinterlegung des Kaufbetrages bei einem unparteiischen Dritten, z. B. der Geschäftsstelle einer Zeitschrift für Kleintierzucht (Der Lehrmeister im Garten und Kleintierhof, Leipzig, hat eine Hinterlegungsstelle für Kaufgeld eingerichtet) zu vereinbaren. Die Bestimmungen über die Hinterlegung kann jeder bei der Geschäftsstelle erfahren. Auf diese Weise ist der Käufer und Verkäufer gegen Schaden geschützt. Angebote von Kleintieren findet man in der vorgenannten Wochenschrift, sowie allen ähnlichen Zeitschriften, z. B. in der Geflügelbörse, im Kaninchenzüchter, die in Leipzig erscheinen. Der Versand der Tiere geschieht als beschleunigtes Eilgut durch die Bahn, wobei die dafür geltenden Bestimmungen, die jede Güterannahmestelle mitteilt, zu beachten sind. Kleine Sendungen, die kein oder kein wesentliches Übergewicht haben, befördert auch die Post als Sperrgut zu erhöhten Frachtsätzen und unter gewissen Bedingungen, die an jeder Poststelle zu erfahren sind. Wo die Hinterlegung des Kaufgeldes nicht vereinbart ist, versende man an Unbekannte nur gegen Nachnahme des Betrages nach vorheriger Mitteilung. Niemand ist aber verpflichtet, eine Nachnahmesendung einzulösen, deshalb versichere man sich vorher, ob der Empfänger auch damit einverstanden ist. Jede Sendung muß den Vermerk tragen, was damit geschehen soll, wenn der Empfänger die Annahme verweigert, z. B.: Wenn Annahme verweigert, sofort zurück auf meine Kosten oder telegraphischen Bescheid.

11. Allgemeine Maßnahmen zur Hebung der Kleintierzucht.

Die allgemeinen Maßnahmen zur Hebung der Kleintierzucht zielen dahin, daß Vereinigungen und Genossenschaften gegründet werden, welche sich ausschließlich mit der Nutzzucht auf Grundlage der Rassezucht beschäftigen, nicht, wie es bisher geschehen ist, mit der Sport= und Rassezucht von Schautieren zwecks Gewinnung von Preisen und zur Erzielung hoher Phantasiepreise. Was uns not tut, ist vor allem die Verallgemeinerung der Kleintierzucht auf wirtschaftlicher Grundlage und im Kleinbetriebe, bei den Eigenheimbesitzern, den Kriegssiedlern, den Kleingartenbesitzern, den Handwerkern und Beamten auf dem Lande, die keinen landwirtschaftlichen Betrieb haben und denen deshalb die Schaffung von Nahrungsmitteln nur durch den Kauf ermöglicht ist.

Von der Notwendigkeit der Förderung der Kleintierzucht zu Nutzzwecken sind maßgebende Kreise in den Kriegsjahren genügend überzeugt worden. Die Eisenbahndirektionen, die Leitungen industrieller Unternehmungen, viele wirtschaftlichen Verbände, Gemeinden und Behörden haben sich deshalb durch namhafte Unterstützungen ihrer Angestellten die Förderung der Kleintierzucht angelegen sein lassen. Auch einige Nutzzüchter=Vereinigungen sind entstanden, welche die Förderung der Nutzzucht auf volkswirtschaftlicher Grundlage sich zur Aufgabe gestellt haben. Jeder Kleintierzüchter sollte sich einer solchen Vereinigung anschließen, damit das erstrebenswerte Ziel erreicht wird, die Erzeugung wertvoller Nahrungsmittel und Rohstoffe, um Deutschland in Zukunft vom Auslandsbezuge unabhängig zu machen. Während des Krieges hat sich gezeigt, daß der Selbstversorger am besten versorgt ist und sich fast unabhängig von der Zuteilung der Nahrungsmittel machen kann, wenn er seine Nutzzucht sachgemäß und richtig betreibt. Die Nutzzüchter-Vereinigungen müssen darüber wachen und dafür sorgen, daß die staatlichen Unterstützungsgelder und die Preise der Ausstellungen nur mehr den Züchtern zugeteilt werden, welche sie auch benötigen und verdienen. Sie müssen sich die Beschaffung preiswerter, guter Futtermittel und brauchbarer Zuchtgeräte, z. B. Brutmaschinen, Futtergeschirre u. dgl., angelegen sein lassen, sowie durch Stallschauen, belehrende Vorträge und praktische Anleitungen von Sachverständigen über Zucht, Haltung und Pflege, Aufzucht, Nutzwertung usw. die unbedingt notwendigen Kenntnisse zur Tierhaltung verbreiten. Sie müssen den Absatz der Erzeugnisse z. B. Eier, Federn, Felle, Wolle, Fleisch usw. vermitteln auf genossenschaftlicher Grundlage. Dann werden wir auch auf die Höchleistungen in der Tierzucht kommen.

Wir haben vorzügliche Zuchttiere im Lande, wie uns die Erfahrung und Beobachtung unserer Feldgrauen während des Krieges in den besetzten Gebieten gezeigt hat. Unsere Rassezucht kann sich zweifellos mit jener des Auslandes messen, nur die Nutzzucht auf der Grundlage der Rassezucht hat bisher noch nicht die Beachtung und Verbreitung gefunden, welche ihr zusteht.

Wir haben infolge unserer vorzüglichen Rassezuchten nicht nötig, in Zukunft vom Auslande für teures Geld Zuchttiere zu kaufen, um lediglich der Sportzucht zu dienen, sondern sind verpflichtet, jeder für sich und alle für das Vaterland mit allen Mitteln die Nutzzucht auf breiter Grundlage zu fördern, damit sie dem einzelnen wie der Allgemeinheit zugute kommt. Dann wird auch bei uns die Kleintierzucht eine ausschlaggebende volkswirtschaftliche Bedeutung erlangen und ein wichtiger und vollwertiger Posten im deutschen Nationalvermögen sein.

Von J. Schneider, Fachlehrer für Gartenbau u. Kleintierzucht, Leipzig, erschien ferner:

Der Kleingarten. 2. verb. u. verm. Aufl. Mit 80 Abb. [108 S.] 8. 1918. (ANuG Bd. 498.) Kart. M. 14.—, geb. M. 18.—

„Gibt dem Gartenbesitzer eine gute, praktische Anleitung zur Anlage und Ausnützung seines Grundstücks und macht ihn mit den Grundbedingungen der Bewirtschaftung bekannt, ohne die kein befriedigender Ertrag möglich ist." **(Kölnische Zeitung.)**

Tierzüchtung. Von Tierzuchtdir. Dr. *G. Wilsdorf*, Halensee b. Berlin. 2. Aufl. Mit 23 Abb. auf 12 Taf. und 2 Fig. im Text. [112 S.] 8. 1918. (ANuG Bd. 369.) Kart. M. 14.—, geb. M. 18.—

Behandelt auf wissenschaftlicher Grundlage wie an der Hand praktischer Beispiele die wichtigsten Fragen und Aufgaben der modernen Tierzüchtung.

Die Stammesgeschichte unserer Haustiere. Von Dr. *K. Keller*, Prof. an der eidgn. Technischen Hochschule, Zürich. 2. Aufl. Mit 29 Abb. im Text. [117 S.] 8. 1919. (ANuG Bd. 252.) Kart. M. 14.—, geb. M. 18.—

Behandelt die Frage, wann und auf welche Weise die einzelnen Haustiere in ihr Abhängigkeitsverhältnis zum Menschen gerieten und wie sie sich in diesem weiterentwickelten.

Tierpsychologie. Von Dr. *E. Lutz*, Lehramtspraktikant a. d. staatl. Oberrealschule i. Pforzheim. (ANuG Bd. 826.) Kart. M. 14.—, geb. M. 18.— [In Vorb. 1922]

Bienen und Bienenzucht. Von Dr. *E. Zander*, Prof. a. d. Univ. Erlangen. Mit 41 Abb. [102 S.] 8. 1919. (ANuG Bd. 705.) Kart. M. 14.—, geb. M. 18.—

Nach einer allgemeinen Übersicht über die wirtschaftlichen Voraussetzungen der Bienenzucht wird im ersten Teil Bau und Leben der Bienen behandelt, im zweiten Teil gezeigt, wie eine rationale Bienenzucht zu treiben ist. Das Bändchen gibt eine für den Imker wie jeden Naturfreund gleich wertvolle Darstellung der gesamten Bienenkunde.

Die Milch und ihre Produkte. Von Dr. *A. Reitz*. Mit 16 Abb. im Text. [IV u. 104 S.] 8. 1911. (ANuG Bd. 362.) Kart. M. 14.—, geb. M. 18.—

„R. schildert eine mustergültige moderne Molkerei; zur Behebung der noch vielfach vorhandenen Mißstände gibt er durchaus praktische Anleitungen. Die Milchprodukte und ihre Surrogate sind trefflich besprochen." **(Soz. Kultur.)**

Die deutsche Landwirtschaft. Von Dr. *W. Claassen*, Berlin. 2. Aufl. Mit 1 Karte. [V u. 104 S.] 8. 1917. (ANuG Bd. 215.) Kart. M. 14.—, geb. M. 18.—

Behandelt die natürlichen Grundlagen der Bodenbereitung sowie die Technik und Organisation der landwirtschaftlichen Arbeit und zeigt, welche Rolle das Landvolk im Lebensprozeß der Nation spielt und welche Bedeutung die deutsche Landwirtschaft für deren heutigen und künftigen Bestand hat.

Werdegang und Züchtungsgrundlagen der landwirtschaftlichen Kulturpflanzen. Von Dr. *A. Zade*, Prof. a. d. Universität Leipzig. Mit 30 Abb. [104 S.] 8. 1921. (ANuG Bd. 766.) Kart. M. 14.—, geb. M. 18.—

Behandelt die Entstehung der Kulturformen der Getreidearten und übrigen Nutzpflanzen aus den Wildformen, ihre Weiterentwicklung bis zu der jetzigen hohen Kulturstufe, und die züchterischen Maßnahmen zur Erzielung neuer ertragsfähiger Sorten.

Agrikulturchemie. Von Dr. *P. Krische*, Biblioth. d. Kalisyndik. Berlin. 2. verb. Aufl. Mit 21 Abb. [127 S.] 8. 1920. (ANuG Bd. 314.) Kart. M. 14.—, geb. M. 18.—

Behandelt, ausgehend von den verschiedenen Bodenarten und den in ihnen enthaltenen Nährstoffen, alle Arten natürlicher und künstlicher Dung- und Futtermittel, ihre Bedeutung für die Land- und die gesamte Volkswirtschaft und ihre Verwertung.

Verlag von B. G. Teubner in Leipzig und Berlin

Preisänderung vorbehalten

Der Luftstickstoff u. seine Verwertung. Von Prof. Dr. *K. Kaiser*, Berlin. 2. Aufl. Mit 13 Abb. [104 S.] 8. 1919. (ANuG Bd. 313.) Kart. M. 14.—, geb. M. 18.—

Behandelt die Bedeutung des Stickstoffs in der Natur, die Entwicklung der deutschen Luftstickstoffindustrie zur größten der Welt und ihre technischen Verfahren bis zu den neuesten Errungenschaften.

Die Bakterien im Haushalt der Natur und des Menschen. Von Dr. *E. Gutzeit*, Prof. a. d. Universität Halle. 2. Aufl. Mit 13 Abb. [VI u. 138 S.] 8. 1918. (ANuG Bd 242.) Kart. M. 10.—, geb M. 15.—

Verf. sucht in gemeinverständlicher Form zu zeigen, wie die zersetzende und aufbauende Wirkung bakteriologischer Prozesse den verschiedensten Vorgängen in der freien Natur, im landwirtschaftlichen und technischen Gewerbe und in Küche und Keller zugrunde liegt.

Die Schädlinge im Tier- u. Pflanzenreich u. ihre Bekämpfung. Von Geh. Reg. Rat Dr. *K. Eckstein*, Prof. a. d. Forstakad. Eberswalde. 3. Aufl. Mit 36 Fig. [V u. 114 S.] 8. 1917. (ANuG Bd. 18.) Kart. M. 8.—, geb. M. 18.—

Das besonders auch die praktischen Bedürfnisse berücksichtigende Bändchen zeigt, unterstützt von bildlicher Darstellung, welche Maßnahmen zur Tilgung der Schädlinge in Haus, Garten, Feld, Wiese, Wald auf Grund ihrer Lebensbedingungen zu treffen sind.

Wölfer's Landwirtschaftliche Zeitung. Wochenschrift für praktische neuzeitliche Landwirtschaft. Nachrichtenblatt für ehemalige Schüler landwirtschaftlicher Lehranstalten. 18. Jahrg. 1922. Preis vierteljährlich M. 18.— Vereinigung landwirtschaftlicher Verleger, Leipzig, Poststraße 3.

Das Wohnungswesen. Von Dr. *R. Eberstadt*, Prof. an d. Universität Berlin. Mit 11 Abb. im Text. [108 S.] 8. 1922. (ANuG Bd. 709.) Kart. M. 14.—, geb. M. 18.—

Vollständige Darstellung des vielgestaltigen Wohnungs- und Siedlungswesens, die unter Berücksichtigung der neueren Bestrebungen und Maßnahmen auch die sozialen und hygienischen Verhältnisse bei der Vermietung, Wohnungsanlage und -benutzung, sowie die typischen Haus- und Siedlungsformen mit ihren wirtschaftlichen Voraussetzungen behandelt.

Hof und Garten. Von *A. von Nostitz-Wallwitz*, Dresden. Bd. III der Haushaltungsschule. Leitfaden für Lehrerinnen und Schülerinnen in Kochschulen, Haushaltungsschulen und Wanderkochkursen sowie zum Selbstunterricht für Hausfrauen unter besonderer Berücksichtigung einfacher und ländl. Verhältnisse. 2., umgearb. u. verm Aufl. [VI u. 130 S.] 8. 1913. Geb. M 13.20

Als Bd. I u II der Haushaltungsschule erschien: Die Nahrung. M. 15.—. Die Kleidung. M 13.20

Lehrbuch für den landwirtschaftlichen Unterricht an Schullehrer-Seminaren sowie z. Gebrauch f. Lehrer an ländl. Fortb.-Schulen. Hrsg. von Prof. Dr *A. Helmkampf*, Dir. d. Landwirtschaftsschule zu Weilburg u *E. Kromminga*, weil. Lehrer in Aurich. Mit 110 Abb. [VIII u. 240 S.] gr. 8. 1903. Geh. M. 10.40

Herd und Scholle. Neubearb. u. hrsg. von Prof. Dr. *A. Helmkampf*, Direktor der Landwirtschaftsschule zu Weilburg und Dr. *Th. Krausbauer*, Schulrat in Naumburg, unter Mitwirkung von *W. Paßmann*, Seminarlehrer in Naumburg a. S. Allgemeine Ausgabe. [VIII u. 330 S.] 8. 1922. Geb. M. 32.—

Heimatausgaben für die Provinzen Sachsen, Hannover, Hessen-Nassau, Westfalen geb. je M. 32.— (Rheinprovinz alte Ausgabe geb. M. 22.—)

Der Weggefährte, Thüringer Fortbildungsschullesebuch 2., umg. Aufl. Hrsg. von Kreisschulrat *K. Schubert* in Ronneburg, *C. Weidhaas*, Lehrer an der gewerblichen Fortbildungsschule in Greiz, Kreisschulrat *A. Großkopf* in Neustadt a. O. [VIII u. 373 S.] gr. 8. 1922. Geb. M. 25.—

Verlag von B. G. Teubner in Leipzig und Berlin

Preisänderung vorbehalten

Der deutsche Wald. Von Dr. *H. Hausrath*, Prof. an der Techn. Hochschule in Karlsruhe i. B. 2. Aufl. Mit 1 Bilderanhang und 2 Karten. [IV u. 108 S.] 8. 1914. (ANuG Bd 153.) Kart. M. 14.—, geb. M. 18.—

„In sieben Kapiteln wird uns in überwältigender Fülle das Wissenswerteste aus dem alten und neuen deutschen Wald vermittelt." **(Fühlings landwirtschaftl. Zeitung.)**

Das deutsche Weidwerk. Von *G. Freiherr v. Nordenflycht*, weil. Forstm. in Löddcritz. Mit 1 Titelbild. [IV u. 118 S.] 8. 1917. (ANuG Bd. 436.) Kart. M. 14.—, geb. M. 18.—

Das Buch sucht als Berater für den Weidmann und als Führer für den Jagdanfänger die weidmännische Gesinnung zu fördern durch liebevolle Schilderung des Lebens der deutschen Jagdtiere und durch eingehende Behandlung der Jagdausübung.

Einführung in die Biologie. Von Prof. Dr. *K. Kraepelin*, weil. Dir. d. Naturhistor. Museums in Hamburg. Große Ausgabe. 5. verb. Aufl. von Prof. Dr. *C. Schäffer*, Studienrat a. d. Oberrealschule a. d. Uhlenhorst in Hamburg. Mit 461 Textbild, 1 schwarz. Taf., 4 Taf. i. Buntdr. u 3 Kart. [VIII u. 357 S.] gr. 8. 1921. Geb. M. 52.50. Kl. Ausg. Mit 333 Textbild., 1 schwarz. Taf. sowie 4 Taf. u. 2 Kart. in Buntdr. [IV u. 251 S.] gr. 8. 1919. Geb. M. 28.80

„Dieses Buch ist geradezu ein Kompendium der allgemeinen Biologie. Es füllt tatsächlich eine Lücke aus und sollte in der Bibliothek niemandes fehlen, der in der Naturwissenschaft die Grundlage unserer heutigen Bildung sieht." **(Die Umschau.)**

Allgemeine Biologie. Einführ. i. d. Hauptprobleme d. organisch. Natur. Von Dr. *H. Miehe*, Prof. a. d. Landwirtschaftl. Hochsch. Berlin. 3., verb. Aufl. M. 44 Abb. i. T. [129 S.] 8. 1920. (ANuG Bd. 130.) Kart. M. 14.—, geb. M 18.—

Gibt eine umfassende Übersicht über die Erscheinungen des Lebens wie Entwicklung, Ernährung, Atmung, Sinnesleben, Fortpflanzung, Tod, Variabilität, Vererbung und behandelt die Theorien in der Entstehung und Entwicklung der Lebewelt.

Einführung in die allgemeine Biologie. Von Dr. *W. T. Sedgwick*, Prof. a. d. Massachusetts Institute of Technology in Boston u. Dr. *E. B. Wilson*, Prof. a. d. Columbia College in New York. Autor. Übers. n. d. 2. Aufl. von Dr. *R. Thesing*. Mit 126 Abb. [X u. 302 S.] gr. 8. 1913. Geh. M. 48.—, geb. M. 60.—

„Die Verfasser verstehen es in geradezu wunderbarer Weise, durch gut gewählte Beispiele die Lebensformen der Tier- und Pflanzenwelt einander gegenüberzustellen." **(Köln. Zeitg.)**

Allgemeine Biologie. Unter Redaktion von Geh. Hofrat Dr. *K. Chun*, weil. Prof. a. d. Univ. Leipzig, und Dr. *W. Johannsen*, Prof. a. d. Univ. Kopenhagen, unter Mitwirk. von Prof. Dr. *A. Günthart*, bearb. von *E. Baur*, *P. Boysen-Jensen*, *P. Claußen*, *A. Fischel*, *E. Godlewski*, *M. Hartmann*, *W. Johannsen*, *E. Laqueur*, † *B. Lidforss*, *W. Ostwald*, *O. Porsch*, *H. Przibram*, *E. Rádl*, *O. Rosenberg*, *W. Roux*, *W. Schleip*, *G. Senn*, *H. Spemann*, *O. zur Straßen*. Mit 115 Abb. i. T. [XI u. 691 S.] Lex 8. 1915. (Die Kultur d. Gegenwart, hrsg. v. Prof. Dr. *P. Hinneberg*. Teil III, Abt. IV, 1.) Geh. M. 168.—, geb. M. 228.—

Mendels Vererbungstheorien. Von *W. Bateson*, M.A.F.R.S.V.M.H., Dir. d. John Innes Horticultural Institution in Merton (Surrey). Aus dem Englischen übersetzt von *Alma Winckler*. Mit einem Begleitwort v. Hofrat Dr. *R. v. Wettstein*, Prof. a. d. Univ. Wien, sowie 41 Abb. i. T., 6 Taf. u. 3 Portraits v. Mendel. [X u. 375 S.] gr. 8. 1914. Geh. M. 105.60, geb. M. 120.—

Gibt eine Darstellung der Mendelschen Entdeckung sowie der in den letzten Jahren durch die Anwendung gemachten Erfahrungen der Erblichkeitsforschung.

Verlag von B. G. Teubner in Leipzig und Berlin

Preisänderung vorbehalten

Abstammungslehre, Systematik, Paläontologie, Biogeographie. Unter Redaktion von Geh. Rat Dr. *R. v. Hertwig*, Prof. an der Universität München, und Hofrat Dr. *R. v. Wettstein*, Prof. an der Universität Wien. Mit 112 Abb. [X u. 620 S.] Lex.-8. 1914. (Die Kultur der Gegenwart, hrsg. v. Prof. Dr. *P. Hinneberg.* Teil III, Abt. IV, Bd. 4.) Geh. M. 132.—, geb. M 180.—

„Der ganze Band ist eine wissenschaftliche Leistung erstes Ranges, dem weiteste Verbreitung gebührt." **(Forstwissenschaftliches Zentralblatt.)**

Lehrbuch der Botanik. Von Dr. *K. Giesenhagen*, Prof. a. d. Univ. München. 8. Aufl. Mit 560 Textfig. [VII u. 447 S.] Lex.-8. 1920. Geh. M. 108.—, geb. M. 120.—

Die Neuauflage des auf allen deutschen Hochschulen eingebürgerten Lehrbuches bringt die Botanik auf Grund der gegenwärtigen Anschauungen und neuesten Untersuchungen in dem Umfange zur Darstellung, wie sie als allgemeinbildendes Fach und als Grundlage für speziellere biologische Studien auf den Hochschulen Medizinern, Pharmazeuten, Land- und Forstwirten u. a. m. gelehrt wird. Das Buch zeichnet sich aus sowohl durch seine mehr als 550 Originalabbildungen aufweisende Ausstattung als auch durch seine die Aneignung des Stoffes erleichternde Art der Behandlung.

Botanisches Wörterbuch. Von Dr. *O. Gerke*, Hannover. Mit 103 Abb. [VI. u. 221 S.] 8. 1919. (Teubners kl. Fachwörterbücher Bd. 1.) Geh. M. 32.—

Gibt in mehr als 5000 Stichwörtern eine sachliche und worterklärende Umschreibung der wichtigeren Pflanzennamen und botanischen Fachausdrücke, und zwar enthält es die lateinischgriechischen Artbezeichnungen und Gattungsnamen der Pflanzen, die wissenschaftlichen und deutschen Namen der Familien und größeren Gruppen, die nach Bau, Eigentümlichkeiten und Verwendbarkeit beschrieben werden. Die praktischen Bedürfnisse der Apotheker, Forstleute, Landwirte und Gärtner sind besonders in Rücksicht gezogen.

Unsere Pflanzen. Ihre Namenerklärung und ihre Stellung in der Mythologie und im Volksaberglauben. Von Dr. *F. Söhns*, Hannover. 6. Aufl. mit Buchschmuck von *J. V. Cissarz*. [218 S.] 8. 1920. Kart. M. 40.—

„Das eigenartige Buch, das in gefälliger Form Botanik, Philologie, Kulturgeschichte und Volkskunde wie verschiedene Blumen zu einem bunten Strauße vereinigt, ist eine sehr erfreuliche Erscheinung, die wir unseren Lesern warm empfehlen wollen." **(Deutsche Alpenzeitung.)**

Unsere Blumen und Pflanzen im Garten. Von Prof. Dr. *U. Dammer*, weil. Kustos am Botan. Garten zu Dahlem-Berlin. Mit 69 Abb. im Text. [IV u. 148 S.] 8. 1912. (ANuG Bd. 360.) Kart. M. 14.—, geb. M. 18.—

Gibt unter besonderer Hervorhebung des praktischen wie des ästhetischen Gesichtspunktes und durch zahlreiche Abbildungen unterstützt, eine Übersicht über Lebensbedingungen, Arten Ästhetik und Pflege der Gartenpflanzen.

Zoologisches Wörterbuch. Von Dr. *Th. Knottnerus-Meyer*, Dir. d. zool. Gartens, Rom. [217 S.] 8. 1920. (Teubners kl. Fachwörterb. 2.) Geh. M. 32.—

Gibt in etwa 4000 Stichwörtern eine sachliche und wortableitende Erklärung der zoologischen Fachausdrücke und eine kurze Beschreibung aller Klassen und Ordnungen des Tierreiches sowie der wichtigsten Familien und Arten nach Bau, Lebensweise und geographischer Verbreitung.

Führer durch unsere Vogelwelt zum Beobachten und Bestimmen der häufigsten Arten durch Auge u. Ohr. Von Oberreg.-Rat Prof. Dr. *B. Hoffmann*, Eisenach. Mit über 300 Notenbildern v. Vogelrufen u. -gesängen im Text sowie einer system. Ordnung der behand. Arten u. einer Auswahl von 42 Vogelliedern am Schlusse des Buches. Bildschmuck n. Zeichnungen von *K. Soffel*. 2., verm. u. verb. Aufl. [IV u. 216 S.] 8. 1921. Geb. M. 51.60. II. Teil. [In Vorb. 1922.]

Neue Geschichten aus dem Tierleben. Von *A. Marx*, Zwickau-Eschersbach. 2. Aufl. Mit 23 Abb. im Text. [IV u. 147 S.] 8. 1921. Geb. M. 20.—

Verlag von B. G. Teubner in Leipzig und Berlin

Preisänderung vorbehalten

MIX
Papier aus verantwortungsvollen Quellen
Paper from responsible sources
FSC® C105338

If you have any concerns about our products,
you can contact us on
ProductSafety@springernature.com

In case Publisher is established outside the EU,
the EU authorized representative is:
**Springer Nature Customer Service Center GmbH
Europaplatz 3, 69115 Heidelberg, Germany**

Printed by Libri Plureos GmbH
in Hamburg, Germany